知识就在得到

Birth of the Self

自我的诞生

武志红—— 著

新星出版社　NEW STAR PRESS

前言
"我",是一切的根源

> 你以为你是门上的锁,
> 你却是打开门的钥匙。
> 糟糕的是你想成为别人,
> 你看不到自己的脸,自己的美容,
> 但没有别人的容颜比你更美丽。
>
> ——鲁米

我是一名心理咨询师,从事心理咨询工作已经14年了,为很多人提供过心理咨询服务,其中很多来访者和我保持着长程的咨询关系。

随着临床心理咨询经验的不断积累,自然而然地,我对各种心理现象的关注和思考也不断加深。最初,我更关注的是家庭养育,"原生家庭"这个词在中国被广为人知,很大程度上就是因为我的推动。到现在,"原生家庭"这几个字似乎已经成了我的一个标签。

事实上,虽然是从家庭养育出发,但我并没有止步于此,而是一直在探索前行。逐渐地,我聚焦在了"自我"这个概念上,并形成了一个深刻的感知：**大多数人的痛苦，根源都在于自我尚未形成。**

那么，到底什么是自我？或者反过来问，什么是没有自我？

一位来访者的故事，推动了我对这个问题的思考。她是一位女士，四十来岁时开始找我做心理咨询。她未婚，没孩子，一个人租住在一间小小的单身公寓里。可是，她并不是没有经济实力。她自己开了一家公司，公司盈利情况不错，她一点儿也不差钱。

那她为什么不让自己的生活变得更好一些呢？因为她是我们通常认识中的那种"大好人"。她不怎么给自己花钱，但愿意给父母和家人花钱，而且是花很多很多钱，比如给父母买大房子。除了家人，她在谈恋爱时也花了不少钱。即便对方人品不怎么样，甚至算是渣男，她也愿意花钱。

她之所以来找我做咨询，是因为她发现自己心中怨气太重了，特别是对渣男恨得不得了。

在心理咨询进行了没多久后，她对我说出了一件让她感到非常恐惧的事情。她说，她知道自己所谓的当"好人"是一种病，但她一直以"好人"自居，甚至为此感到骄傲。可是在有一次过生日时，她发现自己出了大问题。

当时，她收到了很多礼物，这让她很感动。可仔细一想，她发现自己已经两三年没有给别人送过生日礼物了。这个发现让她非常惊讶。当她观察自己的内心时，惊讶升级成了害怕。她发现，她似乎失去了对别人的关心，失去了自己温暖的一面，甚至觉得自己在失去基本的人性，心在变得冷漠。

这位来访者的故事对我有重大的意义。这个故事的关键点，细想起来是有些恐怖的——一个好人，逐渐丧失了对所有人的关心。

就是从这时开始,我形成了对"好人"的初步思考。现在回头看,我可以非常简单地概括说:这种所谓的"好人"状态,破坏了自己的生活,破坏了自我,最终,这种破坏也转向了他人。

做一个所谓的"好人"似乎是一种常见的追求,但这种"好"很容易变成对自己人生和心灵的破坏,这是一种典型的自我没有形成的现象。

与"好人"正好相反,另一种没有形成自我的典型现象是极度在乎自己,我称之为高自恋者。人都是自恋的,而高自恋者与一般人最大的不同之处就在于对自己欲望的在乎程度不同。高自恋者极度在乎自己的欲望,可能会不顾一切地去追逐欲望,甚至为此利用、剥削别人也理直气壮、心安理得。

不只是对欲望,高自恋者对自己在每一件事上产生的每一份动力、每一个念头都非常在乎,并且苛求周围人完美地配合自己,希望自己在每一件事、每一个细节、每一句话上都占上风,都要赢。为了赢,他们可以不惜代价。

这本书会用更准确的语言告诉你,"好人"和高自恋者都没有形成抽象意义上的自我。所以,他们将在每一个细节上发出的动力和意志都当作"我",将每一个细节上的具体意义上的"我"的死亡,都等同于"我"本身的死亡。死亡这件事太可怕了,于是他们自然就执着地想要赢。

你发现了吗?"好人"和高自恋者正好是相反的两个方向。"好人"一辈子都在灭欲望,灭隐私,灭自我,想以此换取在别人眼里的好形象。高自恋者则对欲求非常执着,想得到别人的配合。你看,因为"我"没有形成,所以他们总是去关注"你",想从"你"那里获得存在感。

当然,"好人"和高自恋者只是两种典型表现,自我没有形成还有形形色色的表现方式。

*

搞清楚了什么是没有形成自我,那自我究竟又是指什么呢?这涉及一个概念——存在感。

"存在感"是一个抽象的哲学词汇,用我的话来翻译,就是"'我'可以存活的感觉"。如果这种感觉基本形成了,就意味着一个人的自我形成了。而这本书,讲的就是自我形成的过程。

这样去理解存在感后,我们就可以直观地理解很多事情,例如焦虑。焦虑无处不在,关于焦虑的理论研究也很多,我自己的理解是,焦虑或许都是死亡焦虑,它的对立面就是存在感。如果一个人总是处在焦虑中,那可能意味着他的自我尚未形成。如果自我形成了,这份弥散性的焦虑就会变成自在感。所谓自在,也很简单,把它拆开来看就能明白,也就是"和自己在一起",或者说"自己在"。

有不少人把自我等同于自私,甚至还有人把自我视为洪水猛兽。但我要告诉你,自我形成后,一个人会变得非常不同。

自我没有形成的人总在关注"你",要么渴望从别人那里获得好评,要么苛求别人按照自己的要求来行事。由于活在"我"随时会死去的焦虑中,他们变得很敏感,好像每时每刻每一种关系中都藏着"生死之战"——到底是外界的"你"胜利,还是内在的"我"活下来。而这一切,都会给关系——包括人际关系,也包括与事物乃至世界的关系——带来压力、剥削和破坏。

比如，有的人在和别人沟通时，只想着倾吐，拒绝聆听。这就是因为倾吐意味着你配合我，聆听则意味着我配合你。如果配合这个动作中有支配与服从的意味，甚至还有生与死的含义，那他们自然会渴望倾吐，抗拒聆听。

我认为，一切美好的事情都来自深度关系。而一个人之所以难以建立深度关系，就是因为存在这种难以言说的死亡焦虑。

当自我诞生后，一个人不仅会获得存在感和自在感，还会摆脱对别人的过度关注。这时，还会发生一件深刻的事情：当"我"的存在得以确立之后，也就意味着"我"可以存活了，我也就可以看见真实的"你"了。

自我的诞生，也意味着一个人终于能真正看见别人了。这时，"我"和"你"就可以放心地建立深度关系，然后在深度关系中创造各种美好的事物了。

人是万物的尺度。一个人的心灵，就是他丈量世界的尺度。**当"我"在黑暗之中，世界也必在黑暗之中。当"我"被照亮，世界也必会变得光明。**照亮你的自我，就是有着如此伟大的意义。

*

这本书脱胎于得到App的课程"自我的诞生"。"自我"是心理学中一个最基本的概念，从这一点来看，这本书和这门课似乎都没什么特别的。但当我形成讲这个课程的初步意识时，我自己无比感动，觉得这是一门"伟大的课程"。因为对任何人而言，形成抽象意义上的自我都是人生中一个伟大的里程碑。

实际上，我也没有真正形成自我，我就是前面讲到的那种"好人"，所以我的自我被破坏的程度也很高，再重新把它活出来真的很不容易。从相当大程度上来说，我也像一个初生儿一样，要从理论和体验上去观察、感知，一个没有自我的人到底该怎样逐渐活出自我。

理解"自我"这个概念，知道有关自我形成的理论，与在体验上深刻感知到自我从来都是两回事。所以，这本书带着满满的感性和体验，可以说是活生生的。

以上所有因素加在一起，我想自恋地说：这是一本非凡的书。

那么，你完成了这个非凡的过程了吗？你的自我诞生了吗？甚至，你开始形成自我了吗？如果还没有，那么，属于你的生命之旅也就还没真正开始。欢迎你阅读《自我的诞生》，我们一起启程。

武志红

2021年10月15日

目 录
Contents

序章　自我的意义：开启属于你的英雄之旅

01　你为什么需要有"自我"　　　　　　　　　　　　　　003
02　你要经历哪些阶段才能形成自我　　　　　　　　　　009

第一章　摆脱人与人缠绕的混沌共生状态

引论　混沌共生源自共生心理　　　　　　　　　　　　　019
01　家庭关系中的浆糊逻辑　　　　　　　　　　　　　　021
02　社会关系中的糊涂哲学　　　　　　　　　　　　　　027
03　让你与人粘连在一起的黏稠思维　　　　　　　　　　032

第二章　让心灵自然而然地成长

引论　从自闭之壳到母爱怀抱　　　　　　　　　　　　　041
01　孵化破壳Ⅰ，心灵成长必须从内向外展开　　　　　　042
02　孵化破壳Ⅱ，心灵成长从外向内展开的后果　　　　　048
03　自我保护，在妈妈充当的保护壳下成长　　　　　　　054
04　层级脑补，没人充当保护壳时的模拟满足　　　　　　058
05　动力诞生，学会直接表达自己的生命诉求　　　　　　064

第三章　依赖妈妈，也要反抗妈妈

引论	当温暖的母爱怀抱变成禁锢你的母亲包围圈	073
01	反抗妈妈，突破母亲包围圈	075
02	逃离共生，避免与妈妈共生的状态	081
03	走向自主，在关系中与妈妈争夺控制权	087
04	心理弑母，完成心理上与妈妈的分离	093
05	自我洞察，看清潜意识中对妈妈的态度	098
06	意志诞生，发展出适应外部世界的能力	104

第四章　打造你的边界

引论	所有关系中都有边界问题	113
01	建立地理边界，你的地盘你做主	115
02	建立身体边界，学会干脆利落地说"不"	120
03	建立心理边界，不再总想去改变别人	126
04	建立财产边界，构筑保护心理的一道防线	132
05	当他人侵犯你的边界时，该如何防御	138
06	当你的边界被打破时，该如何反击	144

第五章　完成心灵的分化

引论	分化，让你的世界变得复杂而又清晰	153
01	你我的分化，让你可以与他人沟通	155
02	关系的分化，让你懂得把握分寸	160
03	肮脏与干净的分化，让你学会掌控情绪	166
04	想象、行为与后果的分化，让你能够宽容他人	172
05	力量与情感的分化，让你的心胸变得更宽广	178

第六章　建立完整的自我

引论	心中住下一个爱的人，完成个体化	187
01	自我确认，不再过度渴望外界回应	189
02	基本满足，伸展你的动力和意志	195
03	自我诞生，必须学会尊重自己的感觉	201
04	自我实现，发挥个体化自我的功能	208

第七章　初步试炼你的能力

引论	家庭是社会关系的原型	217
01	关系，父亲是外部世界的象征	220
02	竞争，父亲是所有敌人的原型	226
03	规则，关系中要有"神圣第三方"	232
04	分离，家庭是你进入社会前的演练场	238

第八章　充分展开你的自我

引论	进入社会熔炉和无限世界	247
01	拓宽时空，离开父母给予的港湾	249
02	走向社会化，向着超级个体化的目标前进	255
03	成为超级个体，要认清深度关系的重要性	261
04	构建深度关系，关键是真实地活着	267
05	进入无限世界，活出最真实的自己	272

后记	世界上只有一个你	277

序章

自我的意义：
开启属于你的英雄之旅

黑暗的本质是光明,
正如灯油是灯光的本质。

你是所有将要到来的茉莉、
水仙和鸢尾花的源头。
——鲁米

01　你为什么需要有"自我"

我想先向你说明一点：虽然这本书借用了儿童心理发展理论，并取名为"自我的诞生"，但它主要是写给成年人看的。

你可能会有点纳闷，哪个成年人没自我呢？毕竟我们整天都把"我"挂在嘴边。但我想告诉你，不断地说"我"这个字，有了"我"的意识，并不等于形成了抽象意义上的自我。

抽象意义上的自我

我从事心理咨询工作这么多年来，做过几百场讲座，而邀请过我的机构总数远远超过这个数字。这些讲座的内容常常都是我讲我擅长的主题，但大多数时候，我估计有九成，邀请方最希望我讲的都是压力和情绪管理方面的内容。

我想，压力和情绪问题可能是困扰人类最多的心理问题，太多人都深有体会。不过，想必你也观察到了，不同的人应对压力和情绪的能力是不同的。有的人又结实又灵活，应对能力很强；有的人则很容易崩溃，容易陷入情绪的泥淖不能自拔。而且，人们在这方面的表现有一贯性。

那你有没有想过，这种差别是怎么形成的？有什么原因吗？其实，**最重要的原因就是一个人有没有形成抽象意义上的自我。**

举个例子。我有一位来访者，她的工作类似于中间商，工作内容是从乙方工厂采购产品，然后卖给甲方。这份工作给她带来了很大的压力，因为她要同时处理甲方、乙方、自己公司和她自己这四方的利益，这太复杂了。在应对复杂关系时，她有一个招数，就是做一个"无我"的人。简单来说，就是她很愿意让步，从来都是把别人的利益放在第一位，公司也因此非常信任她。

在简单的二元关系中，这个招数最容易起作用，因为牺牲自我可以让事情变得容易很多。可是，在复杂的多元关系中，如果只是没有私欲还不行，她就容易陷入束手无策的境地。例如，公司的上级要她狠狠压低乙方产品的价格，她立即就会感到巨大的压力，因为她在面对乙方时同样容易放弃自我，做出让步。

不仅如此，她的"无我"风格其实还暗藏着一种心理：我已经这么无私了，你们要认账；如果你们还不知趣，我就会非常愤怒。

在情绪管理中，愤怒是一种关键性的情绪。容易过分表达愤怒的人，会显得很有戾气。但是，如果太难表达愤怒，人就会转过来挤压自己，容易变得无助，还会因为自己表现得这么虚弱而产生强烈的羞耻感。

这些感觉，在这位来访者身上都有。多数时候，她表现出来的是让步，然后自己消化由此带来的虚弱、无助和羞耻感。偶尔她也会失控，表现出强烈的愤怒，甚至是戾气，然后生意就很难做下去了。总之，可以说，她一直都是一个直来直去的人，不会绕弯子，和她共事久了的人都知道她这个特点。

不过，在进行了长时间的心理咨询后，她发现自己变了，变得有策略了。

比如，有一天，一个乙方公司的经理很愤怒地对她说，某个生意不做了，除非他们大大提高收购价。但这位来访者知道这是不可能的，因为价格提高到那种地步，自己公司和甲方公司都没法通过。可同时，这个生意有它的价值，对她和公司来说都很重要。

以前碰到这种事，她只有两种反应，要么讨好，要么顶回去，可这次，她的反应变得不同了。她没有立即陷入情绪中，而是先将自己想象成一个旁观者，拉开一点距离去观察这位经理。然后她立即明白了，这位经理只是很愤怒，但生意不可能不做。不过，她不能简单地戳破这个事实，还得安抚这位经理的情绪。

于是，她对这位经理说："您很愤怒，我听到了，也感受到了，抱歉，那我们考虑一下，这个生意就不做了吧。"但转过头，她又让甲方的经理继续给乙方发提货单。结果，这笔生意还是做成了。

她觉得这是自己平生第一次如此"狡猾"。但实际上，她早就知道可以用各种策略去应对压力，只是过去压力一来，她的情绪就会被激发出来，然后内心被情绪占得满满的，也就没有空间去思考这些策略了。而现在，情绪无法占满她的内心，她有了更多空间，应对压力时也变得灵活了很多。

看到这里，你肯定想问，这个空间是怎么多出来的呢？其实是因为经过她的努力和长时间的心理咨询，她抽象意义上的自我已经初步形成了。

以前，她有的只是具体意义上的自我，而具体意义上的自我与她在事件中的具体意志紧紧绑在一起，因此没有多少空间。抽象意义上的自我则像一个容器，可以容纳她在一个个具体事件中的意志，因此有了空间。

"我"与具体的意志

这虽然是我在咨询中遇到的一个案例，但我觉得它不是一个单独的故事，而是代表了一种规律——**抽象意义上的自我是否形成，会给压力与情绪管理带来极大的差异。**

很多哲学家都认为，只有生死才是大事。存在主义哲学家、诺贝尔文学奖得主加缪就说过，"真正严肃的哲学问题只有一个，那就是自杀"。

然而，生死其实无处不在——既存在肉体生命的生死，也存在心理层面的生死。例如，容易崩溃的人经常执着于具体的细节。这是因为他们围绕这个细节发出了自己的意志，然后这个意志就成了一份独立的生命。意志实现，就意味着这份意志活了；意志失败，就意味着它死了。

这引出了一个关键问题——在抽象意义上的自我形成之前，人必然会有这样一种逻辑："我"等同于"我"发出的任何一份具体的意志。人人都怕死，又把具体意志的生死感知为"我"的生死，如果一个人的心理处于这种水平，他自然就会执着于细节。可以说，这种水平的自我是具体意义上的自我，不是抽象意义上的自我。

相反，一个有抽象意义的自我的人会有另一种逻辑：每一份意志都只是"我"的一部分，而不是"我"自身。所以，任何一份具体意志的生死，就只是这份具体意志的生死，而不是"我"的生死。

内聚性自我

美国自体心理学创始人海因茨·科胡特（Heinz Kohut）[1]提出过一个概念，叫"内聚性自我"（cohesive self），这是对抽象意义上的自我更准确的描绘。

科胡特说，内聚性自我的形成是心灵发展历程中的一个里程碑事件，也是情绪承受能力的关键，因为情绪的惊涛骇浪只会让内聚性自我晃动，但不会轻易使其瓦解。内聚性自我中有一种向心力，使人的心灵碎片可以被凝聚在一起。而这种向心力，建立在"我基本上是好的"这种感觉之上。

内聚性自我的内核是鲜活流动的生命力，它的外壳则像皮肤，与心灵的血肉自然连在一起，具有弹性和交互性。于是，当外界出现压力时，形成了内聚性自我的人不仅不容易被压垮，还能与外部世界进行充分的互动。

如果一个人的自我受到严重的攻击，哪怕"皮肤"被撕裂，内核也遭受创伤，但只要有内聚力在，心灵碎片仍然可以重新组织在一起，这个人就可以获得新生，甚至可以变得更成熟、更强大。

那么，内聚性自我是如何形成的呢？简单来说，一个人需要获得一种感觉——真实地展现意志，并深信自己的意志基本可以实现。自己的意志基本可以实现，是一种抽象意义上的"我可以存活"的基本感觉。这种感觉形成后，人就从一个个具体意志的生死中解脱了

---

[1] 科胡特是精神分析的重要大师之一，他扩展了精神分析的视野，将尊重和人性带入精神分析对人的理解和工作中，发展了精神分析最主流的三大学派之一——自体心理学。他的代表作品有《自体的分析》《自体的重建》等。

出来。

我们经常讲"存在感",这个词有点玄妙,如果换成"我可以存活",就好理解多了。当这种感觉产生后,人的焦虑就会减轻,就会变得自在起来。所以,一个人有没有自我,绝不只是与压力、情绪管理有关,它还有更具魅力的部分。

对此,得到 App 的专职作者贾行家老师有一个很有诗意的表达。他说在他的观察中,**那些有自我的人就像是一尊尊"小神",他们不仅自在,还充满尊严感和完整感**。而这本书,除了会为你讲清楚自我的诞生这件事,还会给你带来一些副产品,就是让你更好地管理压力与情绪,变得更自在,更有尊严和完整感,宛如一尊"小神"。

当然,要做到这些是非常不容易的,但至少我们可以先完善自己的认知,对此进行初步的体验。此外,如果你已经有很多关于自我的诞生与发展的体验了,那本书会帮助你深化并系统地认识这一点。

在本书中,我会借用精神分析中孩子如何在与父母的三元关系中发展出自我的理论,其中涉及的案例大多是我在做心理咨询的过程中接触到的临床案例。当然,写作本书的过程也是我个人的一次成长经历,因为我至今仍然面临着自我诞生与发展的议题。所以,让我们一起来走完这段路吧。

02　你要经历哪些阶段才能形成自我

本书的理论基础包含两部分：一部分是精神分析中的经典理论[①]，包括精神分析学家玛格丽特·马勒（Margaret S. Mahler）的婴幼儿心理发展阶段论，以及精神分析的创建者弗洛伊德关于俄狄浦斯期的理论；另一部分是我自己的思考，我将其总结为自我诞生与发展的五阶段理论。

马勒的理论论述的是三岁前的孩子与母亲的关系，而弗洛伊德所说的俄狄浦斯期讲的是三岁之后孩子的发展，这个时候父亲也深入参与到母子关系中，与母亲、孩子共同构成了复杂的三元关系。下面，我们就来具体看一下这几个理论究竟讲了些什么。

玛格丽特·马勒与婴幼儿心理发展理论

马勒认为，三岁前孩子的心理发展分三个阶段。

[①] 精神分析理论的发展分为三个阶段：经典精神分析、客体关系理论和自体心理学。
弗洛伊德的理论被视为经典精神分析，他将重点放在三到六岁的俄狄浦斯期，重视的是孩子和父母的三元关系。
客体关系理论家关注的重点是三岁前的母子关系，认为这时父亲的价值是给母亲提供支持，而不是直接参与到与孩子的互动中。玛格丽特·马勒就是客体关系学家。
自体心理学是由科胡特及其追随者创立的，被视为精神分析发展的第三阶段。但这不等于是精神分析发展的高级阶段，实际上，有些精神分析师并没有那么认可自体心理学。

第一阶段：正常自闭期（婴儿出生到一个月）

只有这个阶段的自闭是正常的，此后的自闭都是病态的。

在这个阶段，婴儿的肉体虽然已经出生，但心理上好像仍然活在一个封闭的蛋壳内，表现得对外部世界不感兴趣。但是，这个阶段绝对不能掉以轻心，不能因为孩子表现得貌似对外部世界不感兴趣，就忽略对他的照顾。相反，母亲与其他养育者需要为孩子提供良好的孵化环境，让他可以从这个心理蛋壳内破壳而出，从自闭走向开放。

第二阶段：正常共生期（两个月到六个月左右）

与第一阶段一样，只有这个阶段的共生是正常的，此后的共生都是病态共生。

例如，常有妈妈说，"我们家孩子十几岁了，但我们好得跟一个人似的，他什么都告诉我，对我完全没有秘密"。这其实就是病态共生。对此，国内知名的精神分析学家曾奇峰说过，没有秘密，孩子就会长不大，就没法走向独立。

父母与孩子的病态共生，一般是父母想和孩子共生在一起，并且大多是父母的意志侵占孩子的生命。对孩子来讲，这是没有必要的。可六个月前的婴儿不同，一方面，他们处于全能自恋[①]中，觉得自己就是"神"；另一方面，他们又极度虚弱无助，吃喝拉撒睡玩等基本需求都有待妈妈满足，所以他们必须和妈妈共生在一起。这是一种真

[①] 全能自恋又被称为全能感。精神分析理论认为，婴儿刚出生时都活在全能自恋中。他们觉得世界是浑然一体、不分你我的，觉得自己就像"神"一样，一发出某个念头，世界就会给予及时的回应。如果外部世界不按自己的意愿运转，他们就会生出巨大的无助感，就会由"神"变成"魔"，恨不得毁了外部世界，这就是自恋性暴怒。成年后还严重地活在全能自恋和自恋性暴怒中，是心理发展水平极低的一种表现。这种人彻底地活在一元世界中，只能感受到自己的意志，而不能感受到别人和自己一样是平等、独立的存在。

实需求，所以这时的共生是正常共生。

在这个阶段，婴儿会觉得我就是妈妈，妈妈就是我，我和妈妈构成了一个共同体，身体和心理都是连在一起的，这被称为母婴共同体。

第三阶段：分离与个体化期（六个月到三十六个月左右）

分离是指身体上的独立，个体化是指心理上的独立。在孩子实现了独立之后，他的个体化自我也就随之形成了。

在这个阶段，孩子的能力越来越强，最终能基本独立完成吃喝拉撒睡玩等活动，也能与妈妈分离，进而使母婴共同体最终瓦解。这是一个漫长的过程，不是一蹴而就的。比如，当孩子学会了爬、翻身、坐等动作时，他的自恋会爆发出来，他会想立即靠自己完成各种探索。但遇到挫败后，他会再次陷入虚弱无助的状态，重新对妈妈产生依赖。随着能力不断增长，孩子的自恋又会爆发，他会不断在独立和依赖之间徘徊。马勒把这个过程总结成了以下四个亚阶段。

亚阶段一：分化与躯体意象期（大约四五个月到十个月）

这时，婴儿开始把身体从母亲身上挣脱下来，开始有独立的诉求，越来越多地体验到与母亲的分离，但没能力走远，只能在母亲脚边玩；他们会开始检查什么是属于母亲的，什么是不属于母亲的。

亚阶段二：实践期（大约十个月到十五六个月）

这个阶段的显著特征是婴幼儿开始进行用四肢爬行的运动，运动知觉等机能得到发展，并且学会走路，而这使婴幼儿越来越多地离开母亲去冒险，练习承受分离焦虑，逐步发展成独立个体。同时，他们仍然会寻求母亲的存在，并不时加以确认，寻求"情感充电"。在这个时期，婴幼儿的自恋达到顶峰。

亚阶段三：和解期（大约十五六个月到二十四个月）

在这一阶段，幼儿的全能感再次受挫，产生独立和依赖的矛盾：想要分离，又害怕失去；更能包容分离焦虑，但付出的代价是承受很多孤独、脆弱和依赖。在这一阶段，幼儿情绪的种类得到扩展，语言能力不断提高，客体与规则开始内化。

亚阶段四：情感客体稳定与个体化期（二十四到三十六个月）

在这个过程中，幼儿逐步明确自己是谁。这一阶段的主要任务是形成对母亲的稳定的内在表象，能维持对母亲及其他一切事物的稳定形象，可以将母亲内化；当母亲不在眼前时，可以保持一种稳定的内在母亲的视觉。这个阶段也表明幼儿综合的认知功能逐渐清晰起来。

在良好的养育下，孩子到了三岁就会形成个体化自我。同时，与孩子保持基本稳定关系，又为孩子提供了良好养育的妈妈，会被内化到孩子的内心，让孩子心中住下一个爱的人。这是标志性的时刻，**个体化自我的形成意味着孩子有了"内在的我"，而心中住下一个爱的妈妈，意味着孩子有了"内在的你"。**

人的心灵发展是非常有意思的，就像是要将外在的东西不断内化。当内化完成后，人对外在事物的执着就会降低很多。例如，如果个体化没完成，人们就会对"我"的意志有一种偏执性的坚持；可一旦有了内在的"我"，"我"在内部心灵中得以存在了，人们对"我"在一个外部事物上是否存在就会变得没那么执着了。再比如，在重要关系中，有人能容忍分离，因为他们心中住着一个内在的爱的人；有人则难以容忍分离，因为他们心中没有住着"内在的你"，需要一个"外在的你"在身边。

弗洛伊德与俄狄浦斯期的理论

个体化自我和心中住下一个爱的人极为关键。有了这两者,孩子的心灵才能进入弗洛伊德所说的俄狄浦斯期的议题。

俄狄浦斯期是三岁到六岁左右[1],也被称为恋父恋母期。在这个时期,男孩会与父亲"竞争"母亲的爱,女孩则会与母亲"竞争"父亲的爱。可同时,这种竞争又不能太敌对,也不能彻底实现。要想顺利度过这个时期,孩子需要完成对同性父母的认同,男孩认同父亲,女孩认同母亲,并把目标转变成找一个像母亲或者像父亲这样的异性恋人。

个体化自我是孩子展开竞争的基础。如果没有结实的自我,无论是男孩与父亲竞争,还是女孩与母亲竞争,都太难了。孩子需要完成对同性父母的认同,而这种认同得以实现的基础,就是心中住着一个爱的人。

在俄狄浦斯期,孩子初步品尝了竞争与合作,之后就要进入社会,到家庭以外去学习更有张力的竞争与合作,并最终去构建自己的生活了。

自我诞生与发展五阶段理论

作为精神分析取向的咨询师,我根据自己多年从事心理咨询工作的心得,提出了一种有关个体自我诞生与发展的更形象化的理解。我

---

[1] 弗洛伊德认为,俄狄浦斯期是三到六岁。在这一时期,孩子的快感中心从口腔、肛门转移到了生殖器部位,因此这个阶段也被称为生殖器期。后来,以梅兰妮·克莱茵(Melanie Klein)为代表的客体关系学派对此做出了修正。他们认为,一个人在出生之后几个月就开始有俄狄浦斯冲突的萌芽了,只不过是在三到六岁时发展到最高峰。这时,孩子开始注意到性别差异,在心理上,孩子可能会对同性父母产生竞争和嫉妒心。弗洛伊德认为,俄狄浦斯冲突是人类个体的普遍命运,即每个人到死之前都会保留一些俄狄浦斯冲突的残余,只不过是多和少的区别。

认为，一个人自我的诞生与发展可以分为以下五个阶段：

- 自恋之壳；
- 母爱怀抱；
- 家庭港湾；
- 社会熔炉；
- 无限世界。

孩子的生命力需要不断在更大的空间里伸展。他们首先要刺破孤独的自恋之壳，进入母爱怀抱，这是最原始的关系。接着，他们要刺破母爱怀抱，进入父母一起构建的家庭港湾。然后，他们要离开家庭港湾，进入自己所在文化的社会熔炉。最终，他们要刺破社会熔炉，进入无限世界。

关于这五个阶段，还可以用一种更形象化的方式来理解。

想象一只小鹰，最初它在蛋中，也就是在自恋之壳中，如果母爱提供了良好的孵化环境，它就会自然发育，破壳而出。刚出壳的雏鹰嘴还不够尖，利爪未长出，羽翼也只有雏形。总之，它的攻击能力还没有形成。这时，它要在母爱怀抱中继续发育，看起来就像一只没有攻击力的小鸡。等攻击能力初步形成后，它变成了真正的小鹰，需要进入更具挑战性的环境，去试炼自己的竞争力。

三岁前的孩子就像没有攻击力的"小鸡"，但三岁后，具有个体化自我的孩子就变成了真正的"小鹰"。这时，小鹰要打破母爱怀抱的壳，进入家庭港湾，在这个由父母构成的复杂关系中初步试练自己的攻击力。然后，它要进入社会熔炉，最后再进入无限世界去翱翔。

这就是自我诞生与发展五阶段的形象化展示，也可以称为自我诞生与发展的"蛋—鸡—鹰"模型。在这本书中，我会以这五个阶段为总体逻辑，一步一步带你走过整个历程，带你学习每一个阶段背后的心理学知识。

基本的满足和必需的边界

在个体自我诞生与发展的过程中，有一对核心矛盾，就是基本的满足和必需的边界之间的矛盾。

一个孩子必须得到基本的满足，只有这样，他才能体验到"我的需求是好的"，进而最终简化为"我是好的"，这是内聚性自我的向心力的由来。但与此同时，父母必须尊重孩子的边界，并让孩子逐渐了解到父母也是有边界的。

关于这一点，"孵化"是一个重要的隐喻——父母必须看到，孩子有一个自恋之壳，这就是他的边界，而且这个边界必须被尊重，父母不能贸然强行帮孩子破壳。所以说，边界对一个人的成长来说至关重要。但是，对边界的尊重仍然是我们极度缺乏的东西。在本书中，我也会和你深入探讨边界意识。可以说，"打造你的边界意识"就是本书的另一个隐含标题。

"边界意识很重要"已成为现代社会的一个共识。**边界意识既是个体化自我产生的条件，也会因为个体化自我的发展而得到进一步巩固。**如果说个体化自我的发展是对"我"的尊重，那么你也会看到，当这一点得以实现时，也会增加一个人对"你"的尊重。这两者是相互成就的，而不是互为对立的。

但是，当边界意识和个体化自我的发展受到阻碍时，你就会看到非常熟悉的东西——糊涂哲学与糨糊逻辑，我将它们概括为混沌共生，也就是下一章要详细讲解的内容。

第一章

摆脱人与人缠绕的混沌共生状态

我不是什么，只是你掌中的镜子，
映出你的善良，你的悲伤，你的愤怒。
如果你是一棵小草或一个微小的花
我将在你的影子里搭起我的帐篷。
只有你的存在可以复苏我枯萎的心。
你是蜡烛照亮整个世界
我是你之光芒的空容器。
——鲁米

引论　混沌共生源自共生心理

所谓混沌共生，指的是人与人之间像缠绕在一起一样，缺乏清晰的边界。

我非常喜欢当代著名画家曾梵志"乱笔"系列的画作。画面中，乱枝丛生的荆棘后面是一个个被缠绕住的生灵，如老虎、狮子、巨大的兔子或人。我觉得这些画就是对混沌共生的一种精确表达——人际关系复杂缠绕，锁住了一个个独立的个体。正是这种复杂缠绕的人际关系，才催生出了"难得糊涂"的哲学。

糊涂哲学的源头是共生心理。六个月前的婴儿会觉得，我就是妈妈，妈妈就是我，我和妈妈在身体与心理上都是一体的，这可以被称为"母婴共同体"。对这时的婴儿来讲，共生是必须的、正常的，但之后，共生就都是病态的了。

糊涂哲学，基本上都是因为不能区分"我是我，你是你"而导致的混乱。而如果这种哲学得以盛行，必然会导致混沌共生的缠绕状态。

在这一章中，我会通过分析我在心理咨询中遇到的个案来解读这种经典现象。我认为，帮助你认清这些现象，是摆脱这种缠绕的开始。

＊

从整本书的体系来看，本章相当于前奏。

我在常年做心理咨询的临床观察中发现，很多人的个体化自我尚未诞生，一直停留在母爱怀抱，甚至是自闭之壳中。从"蛋—鸡—鹰"的形象化模型来讲，直到一个人成为一只小鹰，才意味着个体化自我的诞生。因此可以说，处在混沌共生中的人，依然是需要老母鸡呵护的小鸡。

当然，也有人会去扮演呵护小鸡的老母鸡，但他们并不是成熟的母亲，而是需要和小鸡共生在一起才能感受到存在感。

下面，就让我们正式进入这一章的内容。

01 家庭关系中的浆糊逻辑

有句话叫"清官难断家务事",你认同吗?如果你认同,我认为就意味着你的家庭与家族是混沌共生的。而关于混沌共生状态下的糨糊逻辑,我想从一个故事讲起。

我的来访者中有一个女孩,有一天,她听说前男友订婚了。刚听到这个消息时,她有些难过。但是,当在朋友圈看到订婚现场的一张照片时,她突然觉得自己可以祝福前男友和那个女孩了。

这样看起来,她很善良,对吗?但和她深聊下去后我才发现,她其实是在祝福自己。准确地说,她是在庆幸订婚的那个人不是自己,因为在朋友圈看到的那张照片让她有些惧怕。

惧怕什么呢?从照片上可以看到,双方重要的家人都参加了订婚仪式,这让她觉得,从此以后,再也没有什么事是两个年轻人自己的事了。他们所有重大的决策,如结婚、生子和买房,都需要双方家属,特别是双方父母一致同意才行,否则就会不得安宁。

之所以会这样想,是因为她自己家就是这样的。她父母的事从来都不是父母和她这个核心小家庭单独的事,双方家族都会参与。即便是很小的矛盾,双方也很容易闹得不可开交。就算是和睦相处时,彼此之间也像是一锅浓得化不开的粥。

她在这样的家庭中得到了两个结论：第一，外婆想控制每一个和她相处的人；第二，奶奶比外婆更进一步，不仅想控制每一个和她直接相处的人，还想控制每一份关系——别人怎么相处，奶奶也要管。

事实上，这个女孩所恐惧的，就是在家庭中很容易看到的糨糊逻辑。我根据自己多年做心理咨询的经验，总结了六条糨糊逻辑。

糨糊逻辑一：我的事也是你的事，你的事也是我的事；我的事是所有人的事，所有人的事都是我的事。

假设你是A，家里还有B、C、D、E四个人，按照这条糨糊逻辑，你会去干涉B、C、D、E四个人的事；反过来，他们也会操心你的事。

你深深地知道改变自己有多难，但你抱有这样一种想法：改变别人会很容易。于是，你在操心别人并想让对方改变这一点上特别有动力。

糨糊逻辑二：所有关系都是我的事。

这种逻辑让事情变得更加复杂。本来你可以有简单的活法，可以只处理和你直接相关的关系——AB、AC、AD和AE，至于BCDE之间的关系，你可以尽量不干预。但按照这种逻辑，BCDE怎么相处也是你的事，而你和谁怎么相处也是每个人的事。

如果持有这条糨糊逻辑，人就没有了隐私感，也必然会陷入口舌中，因为你会希望所有人能看见你在所有关系中都是好的，你的好、你的冤屈，别人都该知道，都该为你说话。

以我的亲身经历为例。我的老家在河北，回老家的时候，我习惯于和村里的人聊聊家长里短。但慢慢地，我发现所有人谈的都是一件事——我对B很好，可B对C竟然比对我好，你说说这对吗？明白这一点后，我就开始回避这类聊天了。

这种糨糊逻辑是家庭关系总是一团糨糊的关键所在，谁想管事谁就会被累死。而那个最想管事的人，常常正是各种冲突的根源，因为他搅进了所有关系中，制造了大量的问题。

糨糊逻辑三：你们＝你，我们＝我。

按照这种逻辑，你家任何一个人让我不快，你都要负责；你让我不快，我就找你全家麻烦。例如，媳妇和婆婆起冲突，要找老公麻烦；老公和媳妇起冲突，也要告诉父母。在这种逻辑下，人总是在"告状"，事情的复杂程度从而很容易升级。

之所以会有这种简单思维，其实是因为没有分化出"我"和"你"，更没有分化出"我"和"我们""你"和"你们"。

我认识一位法官，他对我说，他认为九成的人离婚都是被父母逼的。我也知道很多离婚事件，根源都是闹事的父母没有将小两口的家庭视为一个独立的家庭，而是仍然将自己与孩子视为"我们"，将孩子的伴侣及其父母视为"你们"。

例如，我有一位男性来访者，他在想和妻子离婚时产生了强烈的焦虑。他告诉我，他和妻子是同一个地方的人，双方的家族在当地都很有影响力，整体上两家关系也不错。而且，他们那儿非常重视传统，如果两人离婚，怕是会导致两个家族反目成仇，甚至走到断绝关系的份儿上。其实，这就是不能处理"我"和"你"的事，而是得先去思考双方家族构成的"我们"和"你们"。

这条糨糊逻辑会严重影响核心家庭的幸福。核心家庭也叫再生家庭（family of procreation），是相对于原生家庭（family of origin）的一个概念，指我们成年后所成立的家庭，原生家庭会影响或决定核心家庭的情况。

有太多家庭，虽然两个人结婚了，但年轻人仍然将"我"视为原生家庭的一员，将我与原生家庭视为"我们"，而将伴侣视为"我们"之外的外人。例如，两口子因为家人吵架，即便是家人做错了，也常会有人这样辩护："他们是我的家人啊！"这里的意思就是说，他们和我构成了"我们"，我们是一体的，其他人都是"你们"。这样的辩护，就是将伴侣推向了对立面。

不过，在这一点上有性别差异——男人更容易将母亲与家人视为自己人，而将妻子视为外人；但在传统文化的影响下，女人没有可以后退的娘家，所以难以在婚后仍然和自己的原生家庭保持着"我们"的感知，直到生了孩子，她们才能与孩子构成"我们"。

糨糊逻辑四：把二元关系中的问题归咎于对方，也就是"你"。

在这种逻辑下，最常见的一种形式就是：我过得不好，是因为"你"。例如，太多人离婚时会说是因为对方不够好，没有给自己带来想要的生活或者幸福。事实上，根据我的了解，这常常都是归咎而已。很多时候，即使换一个理想中的完美伴侣，他们也感受不到幸福和满足。

糨糊逻辑五：把二元关系中的问题归咎于"他"。

这个逻辑很容易理解，就是A和B之间出了问题，但将其归咎到

C身上。这是为了捍卫自己和重要客体，于是把"我"和"你"关系中的问题都归咎给"他"这个第三者。

这种情况在三角恋中很常见。比如，我们常会看到，女性遇到丈夫出轨时，首先想到的不是攻击丈夫，而是把怒火倾倒给插足他们关系的第三者。

糨糊逻辑六：绕弯沟通。

A对B不满，不直接对B说，而是说给C听，让C告诉B。

北大学者吴飞在其社会学经典著作《浮生取义》中写过多个类似的故事，其中一个故事是这样的：一位父亲想让儿子给他修房子，但他不直接对孩子说，而是在另一个人面前责怪孩子不给自己修房子。他想以这种方式，让这个人去跟孩子说，你爸想让你给他修房子。但儿子对父亲这种行为方式很厌烦，没理会，结果这位父亲就闹起了自杀。

吴飞喜欢使用"道德资本"这个术语来解释这些现象，意思是，如果这位父亲主动告诉孩子，希望他给自己修房子，那就消耗了自己的道德资本，这样自己在和孩子的关系中就会失去一些道德优越感。

从心理学上看，这位父亲这样做的主要原因有三个：第一，在二元关系中表达渴望或者不满张力太大，而且个性不成熟的人通常要表达的是有些不切实际的想法和要求；第二，我直接找你谈，容易产生无能感和羞耻感；第三，如果不是我直接告诉你的，我就不用为这件事负责，所以不管你是拒绝还是答应，我的情绪体验都会弱很多。

以上是我对家庭关系中常见的糨糊逻辑做的不完全总结。实际上，除了这些，家人之间的糨糊逻辑肯定还有很多。

从整体上来看，这些糨糊逻辑有这样的作用：把事情的焦点从个体身上移开，也不聚焦在我和你的二元关系上，而是把事情编织进复杂的关系中，弄得越来越复杂，以至于真的落到"清官难断家务事"的状态。但是，当我们把焦点还原到二元关系上，甚至聚焦在个体身上时，就会发现，事情会变得清晰、简单得多。

思考题

根据你的观察，家人之间还有哪些糨糊逻辑？在面对这些情况时，你又是如何处理的？

02　社会关系中的糊涂哲学

在家庭中，人们常常会表现出糨糊逻辑；而在社会中，我们也常常看到有人持有类似的逻辑，这就是本节要讲的糊涂哲学。

在黏稠的家庭关系和复杂的社会关系中，糊涂哲学似乎成了一种生存之道。但是，在讲究法制和契约的当代社会，糊涂哲学会产生巨大的破坏力。关于这一点，我们先来看一类事件：摔倒在地的老人"讹诈"扶助者。

正常情况下，老人摔倒了，路过的人，特别是年轻人该怎么办？当然是去扶助老人。可是，如果随后老人很有可能会说，"就是你把我撞倒的，不然你为什么要扶我"，你又该怎么办？你可能仍然会有勇气说："我选择扶，因为社会系统会给我公正。"但是，假如判案时因为证据不足，或者部分法官出于对老人是弱者的考虑，而最终选择让你适当承担一部分责任，你又要怎么办？

这类事件总是特别容易让人心寒，也总是一而再再而三地发生。很多人认为，正是这些事件导致了社会道德大滑坡。后来再有老人摔倒，不敢扶就成了一种常见心态。其实在这类事件中，有两个非常值得思考的问题：第一，摔倒的老人为什么会恩将仇报？第二，这些老人为什么会得逞，而且从不会受到法律惩罚？

找一个人怪罪的心理

先来看第一个问题：摔倒的老人为什么会恩将仇报？对此，一个流行的说法是，不是老人变坏了，而是坏人变老了，认为这些老人年轻时就是道德素养比较差的"坏人"；还有一个常见的说法是，老人们是为了钱。

我个人觉得，这两个说法都缺乏说服力，因为在不少案件中，"讹诈"扶助者的老人其实并不差钱。此外，我记得有两起案件，是警察救助了摔倒的老人，而且两位老人当时都晕过去了，但他们醒来后的第一时间都是本能地抓住警察质问："你为什么撞我？"在这两起案件中，幸好都有视频证明是老人自己摔倒的。

我在关注这类事件后，最终得出了自己的结论：这些老人之所以会恩将仇报，是因为他们的心理发展水平比较低，接受不了"我老了，我控制不好自己的身体"这个事实。所以，既然摔倒不是由"我"个人的问题导致的，那就肯定是有一种外力击倒了我。

前面讲过，没有形成自我的人在压力和情绪管理上的能力很差。一件事处理不好，他们就会认为在这件事上的"我"被杀死了。这种感觉很糟糕，所以最好是把这种死亡焦虑排解出去，例如找一个人怪罪。

找一个人怪罪是一种非常常见的现象，不只会出现在老人摔倒这类事件中。

比如，家里少了钱，父母或老人往往会怀疑是孩子偷的，于是对孩子一顿打骂，可后来才发现是自己把钱放在别的地方了。

又比如，刚刚有医闹发生时，主流媒体和公众舆论，也包括我自己，很容易站在病人一方去怪罪医院和医生，可事情屡屡反转。当真相浮出水面后，舆论才会逐渐站到同情医生的一方。

再比如，现在有些中小学已经不太敢开设体育课了，广州一所重点小学甚至干脆取消了课间操，改为让孩子们做手指操。之所以出现这种情况，部分原因是应试教育体系带来的压力，但还有一个显而易见的重要原因，就是一旦孩子在学校发生意外，比如在体育课上受伤，家长就很容易大闹一场，这最终常常会让学校和老师付出一定的代价。我的来访者中有多位中小学老师，其中有两位就因为这类事件付出了代价，而这让他们害怕带孩子做一切体育活动。

看了这么多，你可能会想，这些人为什么要去闹？为什么要找一个人或机构去怪罪？下面我举个例子，来进行更细致的解释。

我有一位好友，多年前，每当家里出了"意外"，例如一件衣服找不到了，或者家具的摆放发生了变化，她就会花很大的力气在上面，必须找到一个答案，必须确定这些"意外"是怎么发生的。

我在和她深聊之后发现，她心中有一个潜在的逻辑：意外都是失控，既然事情不是我干的，那必然是有一个我之外的力量干的。可是我自己一个人住，如果这些事情是小偷甚至是魔鬼干的，那这个结论就太可怕了。

实际上，每一次所谓的"意外"都不是真的意外，而是她忘记了这些事情，例如把衣服随手扔到了某个地方，不经意间挪动了家具，等等。

我判断，她这样的人身边必须得有人。这样一来，她不仅有了他人陪伴带来的温暖和安全感，在发生了所谓的"意外"时，她还可以第一时间去怪罪这个人，于是就不用担心那种隐隐的被迫害感了。

这种逻辑跟了我这位好友很多年，直到最近几年，她才有了根本性的变化，不再那么担心了。这是因为她建立了很好的关系，她的自我也逐渐形成了。

糊涂哲学的产生

从以上内容可以看到，有一个人怪罪有多么重要。不然，这些容易闹事的人就会停不下来，就会越闹越厉害。这也就可以解释第二个问题——这些老人为什么会得逞，而且从不会受到法律惩罚？也就是说，为什么会出现这种处事的糊涂哲学？根本原因在于，这些家伙闹起事来太执着了，干脆让他黏上一个人或一个机构得了。

我曾经因为遇到类似的事而报案，到了派出所后，警察对我说，不要觉得就你不容易，你只不过是遇到了一个这样的人，可我们大部分的时间都消耗在这些爱闹事的人身上了。

"这个人太难搞了，干脆让他缠上另一个人吧"，这种糊涂哲学其实很常见。例如，我曾经请过一位钟点工，她的前夫是一个严重的"偏执狂"。因为前夫出轨和严重家暴，他们离婚了。离婚后，前夫日子过得不顺心，于是开始来闹她，甚至骚扰、威胁她的家人。结果她的家人纷纷劝她说，你看你年纪不小了，还和他生了几个孩子，你再也嫁不出去了，不如跟他复合吧。后来，她前夫终于不闹了，一问，原来是有了新女友。

这位钟点工家人的做法就是和稀泥，不讲是非对错，不尊重事实和逻辑，而是追求差不多就行了。

我认为，糊涂哲学有一定的合理性。一个社会中爱闹事的人太多，而且他们闹起来太严重，那不如让他们黏上一个人或一个机构。

这样虽然不公平，但有用。

如果按这个逻辑推演下去，事情会达到非常严重的地步。近两年，有几起正当防卫的案件在当时成了社会热点话题。在这些案件中，歹徒以狠辣的手段行凶，受害者反击，致其重伤甚至死亡。但在事件还没有水落石出之前，竟然第一时间都被舆论说成防卫过当。

有一个数据显示，在最高人民法院裁判文书网收录的400多万份刑事裁判文书中，采取正当防卫辩护策略的刑事案件有12346起，但最终被认定为正当防卫的只有16起。在我看来，这种事情背后的逻辑可以说是"各打五十大板"，管你谁是攻击者谁是反击者，先都惩罚一下再说。

可你想想看，我们自己做裁判时，不是同样容易使用类似的逻辑吗？比如，当你自己的家人中有人闹得很厉害时，你是会公然指出某个人有问题，还是会和稀泥？比如，你家的两个孩子打架，你是不是也经常说，不管你们谁对谁错，动手就都不对？又比如，面对很多社会热点新闻，你是不是也经常说"一个巴掌拍不响"？

可以说，在这些事件中，都藏着共同的逻辑：我们很难只处理一个个体，所以总是要把事情变复杂，把这个个体和另一个人，甚至更多人扯到一起，就好像人不能为自己的行为负责，必须拉一个人垫背一样。

思考题

你是如何看待怪罪别人这种心理的？如果让你做裁判，你觉得怎样的思考方式可以避免"各打五十大板"的糊涂判定呢？

03　让你与人粘连在一起的黏稠思维

前面两节分别谈了家庭和社会关系中常见的糨糊逻辑和糊涂哲学，这一节我们换个视角，看看为什么会出现这种现象。

要说清这一点，就必须回到每个个体的身上。其实，绝大多数人都存在一种错误的思维方式，我把它称作黏稠思维。正是因为这种思维方式，我们才会在处理各种关系时说不清理还乱。

人与人之间的粘连

我刚做心理咨询没多久的时候，接到了一个令我印象深刻的个案。那位来访者是一个女孩，她有一种完美主义倾向，说自己的脑海中常常会浮现出一个意象——一个水晶做成的公主，晶莹剔透，没有一点杂质。她知道，这是她的自我意象。

后来，我在咨询中遇到过好多位这样的"水晶公主"，她们看上去干净至极。这是一种美，很容易打动男人，女人也容易对她们心生怜爱。然而，从另一面看，这也是有问题的。毕竟，要如此晶莹剔透，就得剔除水晶中的所有杂质。可那些杂质是什么？我认为那是"我"的各种欲望，以及容易被我们感知为黑色的负面情绪。但是，人不可能没有欲望和负面情绪。所以，当一个女孩觉得自己是水晶公主时，就意味着她非常压抑，这些杂质都被压抑到潜意识中了。

其实，不只是女性，男性也会有类似的自我意象，比如我。有一次，我在找我的精神分析师做分析时产生了这样一种意象：我躺在病床上，胸腹都被剖开了，旁边站着一位穿白大褂的医生。我告诉了分析师这个意象，他解释说：“或许你体验到的是我对你的分析是如此无情，就像医生在解剖你一样。”

我感受了一下，觉得这个解释不够味儿，因为这种分析没有让我觉得痛苦，反而让我觉得极度坦然。后来我自己分析明白了，在那个意象中，不是别人把我剖开的，是我自己将自己剖开的，其中那份坦然就像在说："请看吧，我没有一点花花肠子。"花花肠子，就是我的各种欲望和负面情绪。

透明幻觉

"透明幻觉"是我提出的一个术语，是指你不用说，我就知道你是怎么回事；我不用说，你就知道我是怎么回事，我们之间是透明的，根本不用沟通，一眼望去就会明白彼此。

看到这里，你可能很快就会想到恋爱中的女人常有的一种逻辑：如果你爱我，哪怕我不说，你也会知道我的心思。有这种逻辑的女性容易拒绝沟通，因为她们觉得没必要这么做。

很多时候，黏稠思维产生的根源就在于一定程度的透明幻觉。

我在咨询中常常遇到很多来访者非常紧张，我问他们为什么那么紧张，他们会说，你是一位非常厉害的咨询师，肯定一眼就能知道我在想什么，可我内心中有很多见不得人的秘密，怕你看出来，所以我很忐忑。见不得人的秘密，也是杂质。

碰到这样的来访者，我会在一开始就特别说明，我根本做不到一眼就知道你在想什么。有时候我会产生各种感觉，然后根据这些感觉去推理你可能是怎么回事，但这也只是推理而已。你才是解释你自己的权威，我了解你的可靠途径，就是你的讲述。你不向我敞开自己，我就没法了解你。

透明幻觉不严重的来访者会立即接受这种解释，并松一口气。严重的来访者也会松一口气，但同时又会对我感到失望，因为他们很期待我能一眼看透他们。随着咨询不断进展，他们的这份渴望和幻觉还会被多次唤起。

这是非常重要的，咨询师需要在恰当的时机向来访者解释并澄清这一点，因为透明幻觉是双向的。当他们认为咨询师具备这种能力时，就意味着他们觉得自己也有这种能力，能不用沟通就知道咨询师怎么想。

推理一下就会知道，如果一个人持有这种幻觉，他就会大幅减少和别人的沟通，就会产生无数的误会。因为把自己孤独的想象当成了真实信息，所以他们会缺乏基本的现实检验能力[1]。当这一点变得特别严重时，就意味着这很可能是精神病性的，那就不再是心理咨询所能解决的了。不过，根据我的经验，很多看起来心理问题并不严重的人，都有相当程度的透明幻觉，这是可以讨论、认识并处理的。

那么，透明幻觉是怎么产生的呢？它的原型是婴儿对完美母爱的

---

[1] 现实检验能力是指一个人清楚地区别主观的心理活动与社会现实的能力。这是区分正常人和严重精神疾病患者的重要标准。

渴求。婴儿不会说话，所以理想的妈妈必然是不用婴儿说话就能知道他们怎么回事的。可是，成年人如果持有这种逻辑，就很容易陷入偏执。比如，我们常常听到这样的抱怨："你怎么会不明白我是怎么想的呢？""你就是这么回事，我当然知道！"等，就体现了这种逻辑。

在我的认识中，**透明幻觉在社会中非常普遍。我们得有一个应对它的笨方法，那就是多沟通。**我们必须假设了解一个人是相当不容易的，而了解自己其实同样不容易。在一段关系中，只有多沟通才能了解对方，只有多探索内在才能了解自己。那种瞬间就能知道彼此是什么样的感觉，通常都是幻觉，或者只有偶尔会发生。

透明幻觉特别严重的人可能根本上就是排斥沟通的，因为沟通会让他们看到，对于同一件事，他们有一种认识，别人则会有另一种认识，而他们希望对这件事只有一种认识，也就是他们自己的认识。

例如，一位来访者一直觉得，如果总是能和别人在某件事情上达成共识非常好。但突然有一天，她领悟到，总能达成共识就意味着在某件事情上，有一个人的认识被灭掉了。而如果她总期待着身边某个人能和自己达成共识，就意味着要么是这个人，要么是她自己的认识被灭掉了。

事与事之间的粘连

受到黏稠思维支配的人，除了常常把人和人粘在一起去看，也常常把事和事粘在一起去看。这就可以解释为什么两口子吵架可以从一件鸡毛蒜皮的事开始，翻出一辈子的旧账来，因为所有事都是粘在一起的，当下这件小事根本没有独立性。

这还导致了另一个问题——伴侣记不住你的好，却能永远记得你的坏。不仅如此，他们还把这些坏揉成了一个整体，永远带着这个整体去看当下。

很多父母也有相似的黏稠思维。例如，父母常对孩子说，"我是你爸（我是你妈），难道我会害你吗？"也就是所谓的"天下无不是的父母"。在父母和孩子的关系里，无论父母怎么做都不会错，错的永远只能是孩子。这也是把所有问题揉成了一个整体。

员工和老板之间也会有这样的现象。拿我自己来说，作为老板，我经常听到有员工说"我对公司尽心尽力"。后来，我真的怕了这个说法，因为我发现他们最初的确是这样想的，也是这样做的，对我和公司都非常上心，这非常好；但时间一长，这句话的另一面就展现出来了——"既然我已经尽心尽力了，我就没有问题。"

*

家庭、社会和个人身上的糊涂逻辑虽然看似不同，但其实它们起到了同一个作用，那就是让我们难以聚焦在当下的这一件事上就事论事地谈话。事实上，这种逻辑是婴儿早期共生心理的展现。但这就会引出一个问题，为什么有那么多人还停留在婴儿早期的共生心理中呢？

弗洛伊德说，如果一个人在某个发展阶段得到太多满足或遭遇严重匮乏，他的心理发展就会固着（fixation）[①]在这个阶段，形成

[①] 固着是指一个人的心理发展停滞在某个阶段，他会持续地寻求这个阶段的满足方式。比如，如果一个人特别爱吃，那他的心理发展就可能是固着在了口欲期。

情结（complex）[①]。

弗洛伊德认为，人停留在共生心理中，是因为在某个阶段得到太多满足或遭遇严重匮乏，但我认为主要还是因为匮乏。可以说，这种现象之所以这么常见，根本原因就是很多人在婴儿早期共生的需求没有得到满足。共生需求，虽然放到成年人身上很容易让人觉得不对劲，但对婴儿来说，它具备极大的价值，是婴儿再正当不过的需求。

思考题

如果让你来解决混沌共生中人与人缠绕的问题，你会从哪些方面入手？你觉得在这个过程中应该注意些什么？

[①] 情结这个概念在荣格的分析心理学中具有十分重要的地位。荣格认为，个人无意识的内容主要是情结，主要指的是个人无意识中对造成意识干扰负责任的那部分无意识内容。换句话说，情结是指带有个人无意识色彩的自发内容，通常是由心灵伤害或剧痛造成。弗洛伊德说"梦是通往潜意识的忠实道路"，荣格则表示"情结是通往无意识的忠实道路"。

第二章

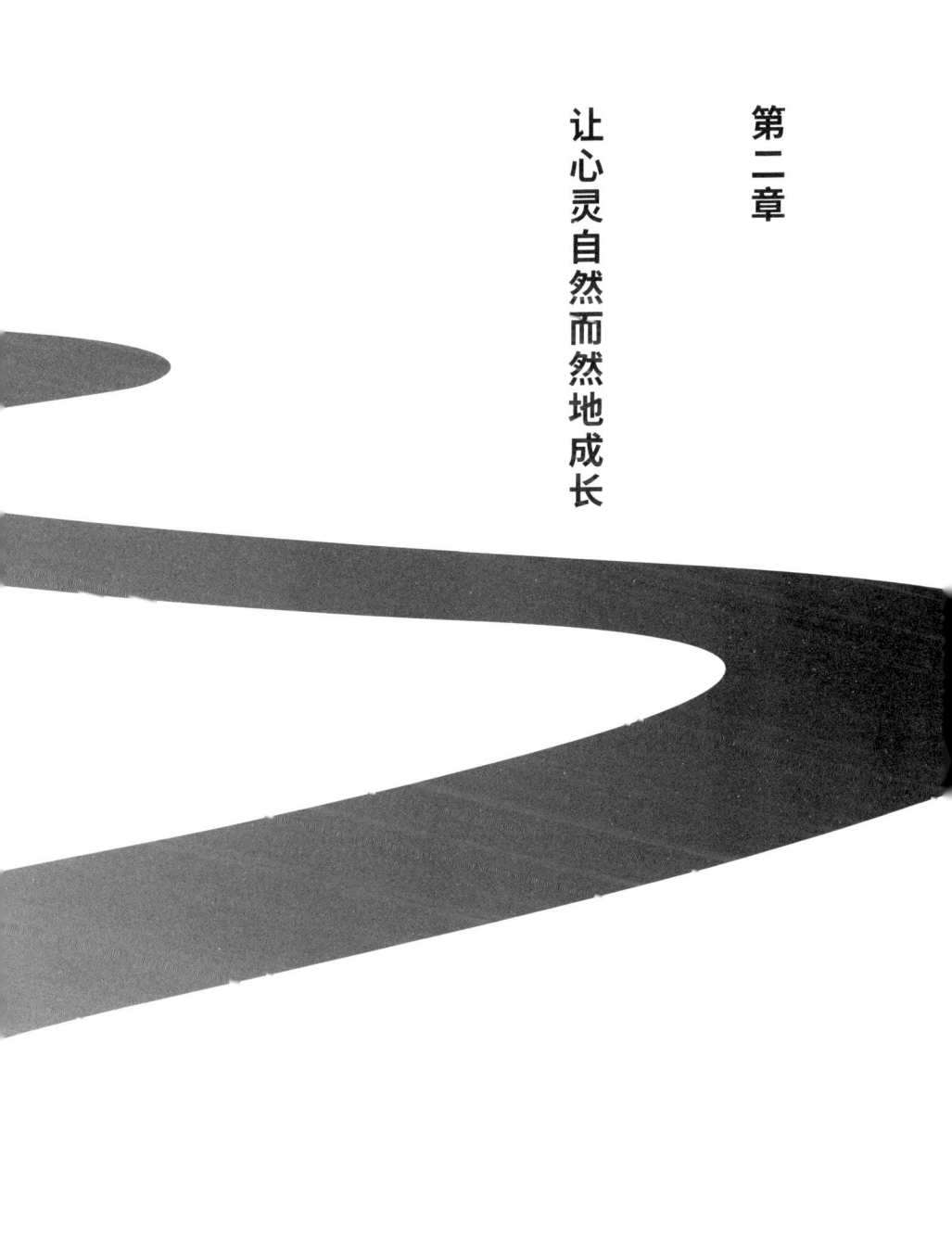

让心灵自然而然地成长

有一个我们想要的吻
让我们渴望一生,那是灵魂
对身体的轻触。海水
恳求珍珠,张开它的蚌壳。
——鲁米

引论　从自闭之壳到母爱怀抱

在本章的开篇，我想向你介绍一个根本性的隐喻——孵化。

请你想象一下，一只鹰蛋要孵化成小鹰，该怎么做？

我们都知道基本方法，就是为它提供孵化环境，让小鹰的胚胎自然成长，等到发育成熟时，小鹰会在蛋内基本成形，然后从内部破壳而出。作为养育者，你不能从外部把壳破掉，因为那是具有破坏性的。

我们可以把这个隐喻延伸到心理层面。对自我没有成形的人来说，最重要的就是孵化的环境。例如，对于婴幼儿走路这件事，养育者不能着急，最重要的应该是为他提供必要的支持，让他逐渐学会走路，这就是在提供孵化环境。相反，如果养育者过分使用学步车之类的工具，让孩子过早地学会走路，就是对他自然而然的成长过程的一种破坏。

孵化还有一个重要的隐喻：当小鹰破壳而出时，意味着它从孤独的一元关系进入了与母亲的二元关系。同样，婴儿出生后，最初也活在一种自闭状态中，如果母亲为他提供了良好的孵化环境，就可以帮他从自闭之壳进入母爱怀抱的二元世界。如果这个发展受阻，人就会在相当程度上停留在自闭之壳中。

那么，怎么才能安全、顺利地从一元关系过渡到二元关系呢？这就是本章要为你解决的问题。

01　孵化破壳Ⅰ，心灵成长必须从内向外展开

先来讲讲自闭这回事。自闭状态有一个广泛的谱系，其中最广为人知的是自闭症[①]，患有自闭症的人完全不想跟外界社交；程度轻一点的叫阿斯伯格综合征[②]，其中一个症状是社交障碍，有这种问题人比较喜欢重复、刻板的活动方式，渴望社交，但缺乏能力；程度再轻一些的有回避型人格障碍；普通人中则有所谓的"宅"。

对于自闭症这种级别的自闭状态，这里就不展开讨论了。我想和你探讨的，是普通心理意义上的自闭。也就是说，为什么生活里很多人有回避型人格障碍和"宅"的表现？

总论部分讲过，玛格丽特·马勒将婴儿出生后的第一个月称为正常自闭期，将第二到第六个月称为正常共生期，认为只有在这两个阶段的自闭和共生才是正常的，此后的自闭和共生都是病态的。

我认为，**越是生命初期的命题，一般来说越重要**——虽然一直

[①]　自闭症又称孤独症，核心临床表现为社会交往障碍、交流障碍、局限的兴趣及刻板与重复的行为模式。约70%的孤独症患者伴有智力低下。

[②]　阿斯伯格综合征与自闭症同属孤独症谱系障碍，两者的临床核心症状有很多相似之处。不过，相比于孤独症，阿斯伯格综合征患者没有言语发育障碍和智力障碍，主要表现为社会交往障碍和局限的兴趣及刻板重复的行为模式。

停留在混沌共生状态是个严重的问题，但这还是大大好过一直停留在自闭状态。可以说，婴儿从自闭状态发展到共生状态是一个巨大的进步，这意味着他从孤独世界初步进入了关系世界。

孵化的隐喻

马勒描绘说，刚出生的婴儿虽然肉体生命已经出生，但心理生命似乎还没有诞生。出生不到一个月的婴儿对外部世界仿佛不太感兴趣，像是还待在一个无形的蛋壳中，等待着破壳而出。

看到"无形的蛋壳"，你可能会觉得有点难以理解。但如果把它想象成一个真实的鹰蛋，你就会立即知道该如何让小鹰顺利出生。方法很简单，就是孵化。老鹰要给鹰蛋提供良好的孵化环境，让小鹰的胚胎在蛋壳里不受干扰地自然发育，逐渐长成雏鹰的样子，然后从内部把蛋壳打碎，破壳而出。在这个过程中，老鹰必须有耐心。它不能使劲帮小鹰从外部破壳，因为那会影响小鹰的发育，还很有可能会杀死小鹰，导致小鹰根本无法诞生。

我们可以把这个孵化的过程看作心灵成长的一种基本隐喻——这不仅是婴儿从正常自闭期发展到正常共生期的隐喻，也是孩子以后发展成长任务时的基本隐喻。

虽然养育者有时要教孩子，要干预孩子的行为，偶尔还要强势一些发挥自己的权威。但从整体上来说，按照孵化的隐喻，养育者要尊重孩子的感觉，让他们依照自己的节奏自然成长，让他们的一项项能力从内部破壳而出。只有等孩子的内聚性自我形成后，养育者才可以从外部破壳，因为那时孩子就能承受和转化一定程度的创伤了。

由此我们知道，虽然处于自闭期的婴儿看上去似乎对外部世界不感兴趣，但养育者不能掉以轻心，而是应该更加积极地为他们提供好的孵化环境，给予他们更多的关注，辅助他们完成对外部世界的探索。否则，他们可能就没法破壳而出，一直滞留在自闭状态。

自恋与全能自恋

一个人如何才能从"宅"走向开放？一个婴儿如何从自闭期走向共生期？这其中有共同的道理，而要来讲清楚这个道理，就得先来说说自恋这件事。

我在长期的心理咨询中观察到，太宅的人，例如被诊断为回避型人格障碍的人，普遍都是"老好人"。或者准确地说，他们普遍都太软弱，所以一旦进入关系就容易被欺负，容易处于下风，而这就会伤害他们的自恋。他们之所以会变得宅，就是因为宅着的时候可以保护自己的自恋。

自恋是人的根本本性，婴儿则有原始的全能自恋。婴儿不仅觉得我就是妈妈，妈妈就是我，还觉得我就是万物，万物都是我。甚至可以说，婴儿觉得我是神，我一发出意志，包括妈妈在内的万物都得满足我。婴儿甚至连"配合"这个概念都没有，因为万物合一，所以这是自然而然的事。

为什么要理解自恋和全能自恋？因为理解了它们，你就能更好地理解孵化的隐喻。如果是从内部破壳而出，婴儿乃至孩子和大人就会有这样一种感觉：这是"我"掌握着的，作为外部世界的"你"是在配合我。

原始母爱贯注

你可能发现了，有不少养育者容易去控制，甚至是逼迫婴儿。这其中有个人风格的原因，但还有一个特别重要的原因，就是如果要围绕着婴儿的意志满足他们，和他们建立共生关系，就意味着得知道他们有什么需求，但婴儿又不能讲话，这怎么知道呢？

关于这个话题，我曾经在微博上发起过讨论，问题是：你通过什么来判断小婴儿的需求？然后，我得到了数百个非常有意思的回复，比如：

- 我看看婴儿的小眉毛就知道他想干什么了。
- 小婴儿饿了，为娘的一听到哭声就会立刻涨奶。但我觉得更多的时候，母乳宝宝根本不需要用哭声表达，妈妈就会有心灵感应。
- 小婴儿只会哭，不同的需求对应的哭声不同。一开始，新手爸妈都不理解，后来注意倾听、观察、总结，就能发现不同哭声代表的需求是什么，只要理解了，满足了，宝宝就不哭了。
- ……

以上列举的妈妈对孩子需求的判断方式都是表现比较好的，但也有表现不好的。不过，我对几百个回复进行了分类、总结，发现它们大致可以分为以下四类：

- 完全不懂婴儿发出的信号是什么，于是很烦躁；
- 能通过经验总结出婴儿不同的动作、信息，特别是哭声代表什么；
- 通过经验加上敏锐的直觉，可以判断婴儿的需求是什么；
- 与婴儿如同心灵感应一般的同步，不过这常常只发生在婴儿很小时。

除此之外，还有一种比较常见的情况是，小婴儿遇到危险被妈妈感知到了。例如，有多位妈妈讲到，自己突然从睡梦中惊醒，下意识伸手拉住了险些掉下床的宝宝。还有妈妈梦见孩子被东西压住了，惊醒，然后真的看到孩子被枕头压住了。

这看上去可能不够有说服力，但我想介绍一下英国精神分析学家唐纳德·温尼科特（Donald W. Winnicott）提出的一个概念——原始母爱贯注（primary maternal preoccupation）。这是指在分娩前后的一段时间内，有些妈妈会进入特别的"病态"，对孩子的感知能力变得很强，甚至不用沟通就可以知道婴儿的需求。简单来说，就是母亲全神贯注，完全紧随着孩子需求。其实，养过宠物的人都知道，宠物不会说话，但你们之间是可以交流的，你越是投入，就越有可能懂得宠物的需求。

对妈妈来讲，还有一个特别的投入——哺乳。例如，有多位妈妈讲到她们在给孩子哺乳时，那种如心灵感应一般的联结比较强，等断乳了，这种感觉就没了。

可以说，妈妈满足婴儿的需求，并不仅仅是满足婴儿的生理需求，还有极为重要的一点是，通过满足婴儿的需求来与其建立关系，这样就能帮助他们从自闭的孤独世界进入关系世界，这是使其拥有正常心智的基础。

养育孩子是件很辛苦的事，但很多妈妈在与小婴儿建立了美妙的联结后会非常享受，并且这也能疗愈一些妈妈的孤独感。如果妈妈能很好地感知并照顾婴儿，就是给他们提供了良好的孵化环境。因为共生期一开始，婴儿会觉得妈妈就是整个世界，所以他们会感知到好像整个世界都在张开双臂欢迎自己的到来。这是很深刻的祝福。假若有命运，那这也是一个好命运的基础。

思考题

你有没有遇到过妈妈强行帮孩子"破壳"的情况？请你举个例子。

02　孵化破壳Ⅱ，心灵成长从外向内展开的后果

上一节讲了孵化的隐喻，强调让孩子的各种生命力都自然发生，从内部破壳。这一节，我想讲讲如果从外部破壳会发生什么。

习得性无助

有一个让我印象非常深刻的场景，那是一个母亲和婴儿互动的视频。视频里，一位表情僵硬的妈妈站在床边，给躺在床上的孩子读古典经书。关键是，那个孩子只是一个几个月大的婴儿。他当然听不懂妈妈在说什么，但是他能感受到妈妈的语气和情感，他并没有被吸引住。所以，这个婴儿几次把头扭过去，我觉得他就是在用微弱的方式表达抗拒。可每次妈妈都会用双手把他的头摆正，然后接着读经书。这样几次之后，婴儿不反抗了，他的脸正对着妈妈的脸，接受妈妈的灌输。

这就是一种从外部破壳的表现，妈妈破坏了婴儿的"蛋壳"。婴儿不反抗，是因为反抗没有意义，而这使他形成了习得性无助。也就是说，他的抗拒被证明是没有意义的，于是他只好接受。

但是，他的眼神变得空洞，神情变得和妈妈一样僵硬——他的边

界没有被尊重，而且他不能用身体动作表达抗拒，于是只好用神情来表达。原本围裹在他身体外的"蛋壳"被破坏了，而他进一步退守，用自己的神情和内心重新构建了一个新的保护壳。只是，这个壳比原来的更小、更脆弱了。

强控制型的养育者的确会不断压缩孩子的壳，导致孩子的内在空间越来越小。特别是对婴儿来说，他们非常虚弱，任何一个大人都可以征服他们，让他们放弃自己的意志而接受大人的意志。

我在得到App上开设的"武志红的心理学课"中有一节叫"输在起跑线上"，里面提到了家庭和幼儿园在养育孩子时容易对孩子有各种逼迫行为。而且研究发现，如果被逼迫得少，孩子就会更外向；如果被逼迫得多，孩子就会变得更内向。严重的话，这种内向就可以被视为自闭的一种表现。

满足共生需求

我有一位问题相当严重的来访者，她有一种强烈的意象——感觉自己平时就像缩在一个火柴盒里。相对应的是，她有一个很强硬的妈妈。我见过她的妈妈，觉得以她妈妈的风格，不大可能为孩子提供良好的孵化环境，很容易从外部打破女儿的"蛋壳"。

不过，这位妈妈从来不会打骂孩子，她只是总会在感知孩子的需求时出现问题和偏差。所以，在照顾孩子时，她通常做不到围着孩子的感觉去满足孩子，而是必然会把自己的理解加在孩子身上。

当然，如果总是不能满足孩子的需求，妈妈也会感到非常无助、焦虑和失控。比如，我曾经有一位新手妈妈来访者，她之所以来找我做咨询，就是因为她真的伤害过自己的孩子。当孩子哭泣时，她做了各种尝试去满足孩子，却发现都没有效果，孩子反而哭得越来越惨。在这种情况下，她非常痛苦，在失控下，她攻击了孩子。

后来，她的孩子才九个月大就能开口讲话了，而且表达能力非常好。这位妈妈忍不住想，可能孩子也怕了，觉得如果再不讲话，真的会被妈妈伤害。不过，在孩子能用语言清晰地表达自己的需求后，这位妈妈就没那么焦虑了，因为她知道孩子想要什么了，而她非常愿意满足孩子。从这一点可以看出她有多么想做一个好妈妈。

这样的妈妈之所以难以理解孩子，可能是因为她们自己也没有与妈妈建立过共生关系。这可能是家族轮回问题，例如，她们的妈妈也没从姥姥那儿获得良好的照顾。这也可能是历史遗留问题，例如，以前产假最短时只有四十来天，如果没有老人带孩子，她们就要么把孩子丢在家里，要么把孩子放到托儿所，从而导致了母婴分离。

在我的老家河北农村，过去大家养育孩子的一种流行模式，就是白天大人去地里干活儿，把小婴儿孤独地留在炕上。然后，有一天回家突然发现，孩子竟然会走路了。大人很开心地大喊："啊，我们家孩子会走路了！"但对婴儿来讲，这其实是非常恐怖的养育环境。婴儿缺乏基本能力，吃喝拉撒睡玩都不能自理，可以说，孤独对他们来说就等于地狱。**如果他们大多数时候是靠自己完成各种活动的，那他们在很大程度上也失去了和养育者建立共生关系的动力。**

英国精神分析学家温尼科特说过，孩子的基本生理需求，即吃喝拉撒，都不要被严格训练，就让他们自然而然地掌握就好；任何严苛的训练，都可以被视为对孩子的虐待。例如，对婴儿来讲，吃是第一位的需求。如果母亲按照婴儿的需求去哺乳，就是在满足婴儿的共生需求；如果母亲忽视婴儿的需求，按照自己的节奏去哺乳，就是在破坏孩子的保护层。

想知道自己在婴儿时期是怎么被喂养的其实并不容易，但你可以从小时候父母在吃饭这件事上对你的态度中看出一些端倪。例如，一位网友在我的微博下留言说："我在家不能决定自己吃什么和吃多少，一顿也不能在外面吃，必须忍着吃我妈做的难吃至极的菜。我说了不喜欢吃某个菜，让她别弄了，她也不听。我不吃鱼头，她非逼我吃。每顿饭都在吃之前就给我夹满菜，我吃得差不多了再继续夹满，我不能自己边吃边夹，吃饭对我来说变成了酷刑。"

这样的故事相当普遍，我有一位来访者甚至在描述完自己是怎么吃饭的之后，突然痛哭流涕地说："我每次吃饭都是一场战争，只能偷偷地在一些不起眼的地方表达我的抵抗，看得见的地方我都输了。我在家吃了二十年饭，这意味着我遭遇过两万次酷刑。"说这是酷刑并非夸张的形容，而是真实的体验，这还可能会导致与消化系统有关的一系列身心疾病。

躯体化

精神分析业内常有人说，躯体化应该是最常见的自我防御机制。而所谓躯体化，就是指如果某种情绪不能在心理层面流动，也不能通过言语表达出来，就有可能会通过各种身体症状来表达。

例如，在吃这件事上，如果孩子一直被逼迫，他就会产生愤怒、羞耻等一系列情绪体验。如果这些情绪不能在关系中表达出来，就会转变成消化系统疾病，如肠胃问题。

那么，躯体化的过程到底是怎么发生的呢？想要了解这个，还是要回到孵化的隐喻：在吃这件事上，如果父母尊重孩子，就是在孵化孩子吃的这个行为，让它可以从幼稚、混乱走向成熟、有序；如果父母用强力手段逼迫孩子接受大人的安排，就是在从外部破坏孩子的"蛋壳"。

除了孵化的隐喻，还有更直接的解释：在吃这件事上逼迫孩子，就相当于在给孩子"下毒"。比如，孩子会因此产生负面情绪，会感到愤怒和恨意，还会产生被打击的羞耻感。逼迫的程度越强，"毒性"就越大，孩子的这些负面情绪也就越强。所以，养育者要问自己一句话：我能看见孩子吃的需求吗？特别是在孩子如何吃的事情上，我能尊重他的感受吗？

当然，吃主要发生在消化系统上，但如果养育者在其他方面逼迫孩子，那孩子也会在相应的身体系统上出现问题。

同样的道理也适用于成年人。例如，你可以问问自己：在吃这件事上，我能自如地发出我的动力吗？饿了时，我能坦然地去找吃的吗？在吃多少、如何吃上，我能尊重自己的感觉吗？

不只是吃饭，所有事都一样。**只有当人能按照自己的感觉和需求做事时，他在这件事上的意志才得以存在；当人不能按照自己的感觉和需求做事时，他在这件事上的意志就被摧毁了。**很多孩子和大人都很难发出自己的动力，因为他们的动力在童年早期就已经被杀死太多了，以至于他们被困在习得性无助中，觉得发出这些动力没有意义，而这意味着这些动力还没出生就死了。

思考题

回想一下，你在处理哪些事情时容易出现习得性无助的问题？

03　自我保护，在妈妈充当的保护壳下成长

前面两节讲了孵化的隐喻，以及生命力最好是从内部破壳而出，不要从外部强行干预，这是从养育者的角度来看的，这一节就从婴儿的角度去看一下，与孵化隐喻相对应的蛋壳隐喻。

母爱与父爱的壳

这里的蛋壳是自我保护的意思，而自我保护这个概念非常重要。当你看到一份美好的感觉在流动时，你也要看到，它的外部总是有一个外壳存在，而这份美好的感觉只有在由这个外壳构成的容器内才能自由流动。

我们继续来想象那颗鹰蛋。鹰蛋有两层壳，里面是一层软壳，外面是一层硬壳。这也是一个基本的隐喻。

前面讲过，自闭之壳由婴儿的自恋组成，所以也可以被称为自恋之壳。从心理发展上来说，这是最小的一层壳，而这层壳被破掉后，婴儿就进入了母爱怀抱。母爱怀抱也是一个容器，是一层更大的壳。这时，孩子的生命力就有了更大的流动空间。

我们可以将母爱怀抱想象成鹰蛋里的那层软壳，而母亲之所以能

专注地呵护孩子，是因为父亲在扮演着鹰蛋外的那层硬壳。母爱的软壳可以被称为"呵护层"，父爱的硬壳则可以被称为"保护层"。这两层必须同时存在，只有这样孩子才能得到好的照顾。

如果父爱的硬壳不存在，母爱的软壳就不能安稳。这时，母亲会试着同时承担保护层和呵护层的双重功能，难度就大了很多。同样，如果母爱的软壳不存在，父亲也要同时承担这两种功能，也会难很多。

我在微博上谈母婴关系时，常常会引起一些女性的攻击。她们认为我太过强调母亲对婴儿乃至孩子的重要性了，却忽视了父亲的价值，要知道很多家庭对孩子的养育方式经常是"丧偶式育儿"的。

她们的愤怒可以理解，全世界有问题的家庭也的确都有一个共同的模式：焦虑的母亲、缺席的父亲和有问题的孩子。而当父亲缺席时，母亲要同时承担硬壳和软壳的双重功能，自然就会变得焦虑很多。

不过，虽然我一直强调母亲对婴儿的重要性，但我也见过父亲能和婴儿建立起非常好的共生关系的例子。例如我的一位女性朋友，她在谈恋爱时就发现自己的另一半极其感性，像有读心术一般，常常不用说话就知道她怎么了。有了孩子后，丈夫的这份感知能力也发展到了和孩子的关系中。正好她是一个偏理性的妈妈，难以和人亲近，也难以和孩子建立太亲密的关系，再加上她工作比较忙，丈夫工作相对轻松一点，带孩子的任务就落在了丈夫身上。

虽然父亲也能承担起养育孩子的责任，但婴儿六个月前与妈妈建立的母婴共同体是至关重要的，这是孩子在胎儿时与妈妈共生关系的延伸，是他人难以替代的。当然，这并不是我个人的观点，客体关系心理学的理论构建者，如玛格丽特·马勒和梅兰妮·克莱因等人，通过对婴幼儿的大量观察研究得出了结论：**三岁前，孩子的注意力主要**

在母亲身上，母子关系是核心，父亲对孩子来讲没有那么重要。

父亲与社会熔炉

当然，父亲也是极其重要的，他们的重要性在于给妻子和整个家庭提供保护和支持。父亲要做好硬壳这个保护层，好让妻子安心去做软壳这个呵护层，让孩子完成从自闭之壳到母爱怀抱的关键过渡。随着孩子的不断成长，他还要破掉母爱怀抱的壳，进入由父亲和母亲共同构建的家庭港湾。

父亲之所以能守护好家庭港湾，也是因为他所在的家族和文化构成的社会熔炉鼓励他做好妻儿的保护者。如果社会熔炉不鼓励他这么做，事情就会变得有些麻烦。例如，当婆婆入侵家庭港湾时，小家庭中的父亲还能发挥好家庭保护者的作用吗？

社会熔炉是家庭以外的一个社会的共同空间，它需要有基本公平合理的规则，我称之为"神圣第三方规则"。这个规则虽然有点高高在上，但基本是公平合理的；它尊重关系中所有人的存在，也约束关系中的所有人。如果能做到这些，社会熔炉就成了一个更大的保护层。在这个保护层下，父亲不必把时间、精力都放在积攒权力和生存资本上，而是可以更多地放在家庭中，于是就可以更好地发挥家庭保护层的作用。

例如，在我的老家河北农村，过去春节期间，男人们通常整天都在喝酒。实际上，喝酒对他们而言是一种"苦刑"，大多数人并不享受。但他们为什么要这么做？是为了构建和维护社会关系网。只有这样，他们才能有更多力量去保护家庭。同时，因为社会文化更重视男人的原生家庭和家族，而不鼓励重视小家庭，所以男人们甚至还要有意远离妻儿，以便在社会熔炉中获得更多认可乃至力量。

但是这几年，我发现我的老家发生了剧变。例如，过去大年初一早上，男人们都要去给各个长辈磕头拜礼，但现在，这个延续了不知多少年的习俗竟然消失了，男人们的酒场也少了很多，他们有了更多的时间去守着妻儿、父母等核心家人。

对于这个变化，我的理解是，社会规则越来越清晰、公平，机会越来越多，整个社会熔炉成了一个更好的保护层。于是，男人们得到了解放，不用在构建关系网上花费太多精力了。

"社会熔炉"是个有些宽泛的概念，它其实还包括国家层面的力量。国家越来越富强，军队越来越强大，都使社会熔炉这个保护层的质量变得更好，让人们可以更加安心地去守护自己的小家庭。

在社会熔炉之外，还有无限世界。我们不仅要做国家的公民，还要有全球视野，做一个世界公民。同样，如果这个无限世界的规则基本公平，资源和机会良好，社会熔炉这一层面的保护层也可以更好。但这两年，整个世界出现了很多动荡，而这也会使国家和地区层面的社会熔炉变得不够结实，然后一层层地影响下去，最终影响到个人。

思考题

请想一下，在你生活的地方，有哪些民俗习惯体现了人们在争取社会熔炉的保护？

04　层级脑补，没人充当保护壳时的模拟满足

在社会熔炉中，有社会文化的软件和社会构成的硬件来保护我们；在家庭港湾中，有父母保护我们；在母爱怀抱中，有母亲保护我们。可是，在最原始的自闭之壳中，是什么在保护我们？其实是一个极为重要的东西，那就是我们的头脑。

头脑有一个很重要的功能，就是任何在真实的关系世界中需要却没有实现的欲求，都可以通过头脑的思考和想象来"模拟满足"，这可以被称为"脑补"。

脑补奥妙无穷，下面我就来看看它是怎么发生的，以及有什么用处。

脑补过头的问题

关于"脑补"这个概念，通俗的说法我们都懂。例如，你想和某个理想的异性谈恋爱，但在现实中看起来不太可能，那你就可以来想象一下。仔细想想就会发现，生活中的脑补无处不在。它是一种重要的想象，可以填补我们在现实中无法达成的欲求。但我想告诉你，脑补过头会带来很多问题。

例如，我的一位来访者是一位女士，她每天都要熬夜到凌晨三四

点才睡觉，而这给她的身体和精神带来了很大的损耗。她很想改变这一点，也多次尝试在正常的时间睡觉。这当然会给她带来好处，可她就是没法坚持。别说坚持了，她甚至向来都只能尝试一个晚上，第二天就不能继续了。她发现在做这种尝试时，她会陷入一种难言的焦虑中。

我和她深入探讨了这份焦虑，后来我们逐渐找到了答案。她太孤独了，没有任何可以信赖的人，唯一信赖的就是自己的头脑。但是要睡觉时，人必须放松头脑，让自己的思维适当地停下来。可对她来说，唯一可信赖的头脑怎么能停下来呢？

再复杂一点的解释是，她不仅成年时没有人可以信赖，婴幼儿时也没有和妈妈等养育者建立起基本的关系，于是没有实现从自闭之壳到母爱怀抱的过渡。

可以想象一下，一个幼小的孩子，特别是一个婴儿，怎么才能安睡？他旁边最好有一个保护者，他信赖这个人，于是可以放下警惕安睡。这是因为这个保护者给他提供了一个保护壳。

如果没有真实的养育者充当保护壳，处在自闭之壳中的孩子可以脑补一个保护壳。一般来说，这包括两个部分：一部分是想象出一个保护者；另一部分是用头脑不断地思考、分析、解释所遇到的事情，由此制造一种安全感——我掌握了这件事。不过，这只是在符号系统层面的了解，不是真实的掌握。例如这位来访者，她在熬夜时发现，自己的头脑会不间断地对白天发生的各种事进行分析和诠释，还会幻想出一些不可能的关系来安慰自己。

所以，我想告诉你，如果头脑是你最可靠、甚至是唯一的保护壳，麻烦就来了。你很难放下它，但如果放不下，你就难以入睡。即便睡着了，你的头脑也会不间断地思考和想象，导致你无法进入深度睡眠。醒来后，你会觉得睡眠好像没太起到让你休息的作用，你仍然很累。相反，那些能迅速入睡的人，醒来后会觉得神清气爽，睡眠让他们获得了很好的休息。

因为孤独，也因为头脑的确很好用，所以人必然会启动脑补。从脑补到真实，不同的人处于不同的层面，而这几个层面分别是妄想、幻想、想象、情感和灵魂。

第一，妄想。

妄想是直接把内在想象当成外部现实来对待。比如钟情妄想，就是指我觉得你爱我，就等于你爱我，不需要得到你的佐证。

比如全能妄想，西方精神病院里常见的那些认为自己是"耶稣"的患者就是典型代表。

再比如被迫害妄想。之前有一位女士带着她的男性家人来找我做心理咨询。咨询中，这位男士告诉我，他有一次看到自己放在冰箱里的一瓶水瓶盖被打开过，水也少了。虽然这是一件稀松平常的事，但他讲的时候有一种很警惕的感觉，让我觉得他可能患有被迫害妄想的精神分裂症。后来我问他的家人，家人说这位男士的确已经被诊断为偏执型精神分裂症，而且医生说即使病好了，他的状态也不会很好，这让家人很绝望。所以，他们抱着一点希望来找我做心理咨询，还特意向我隐瞒了医院的诊断。

这位男士的被迫害妄想的确很严重，他认定那瓶水被人动过，而且被下了毒。但我是一个陌生的心理咨询师，是他不信任的人，或者说他不信任任何人，所以在说明情况时，他并没有明确告诉我他认为水里被下了毒。

这种精神病性的妄想在普通人中并不常见，但普通人身上可能会出现一些轻量级的妄想。例如，有人会持有这种逻辑：我缺爱，就该有人给我完美的爱，你不给我，我就恨你。由于持有这种逻辑，任何不完美的关系，或者说所有关系都被破坏了。

"我缺爱，就该有人给我完美的爱"，这种逻辑本身就不可能成立，现实中没人能做到，如果把它延伸到所有关系中，就有了妄想的味道。

第二，幻想。

处于这个层级的人，知道幻想是幻想，现实是现实。例如，某个偶像的超级粉丝可能会幻想与偶像生活在一起，即便知道这不现实，也会沉溺其中不能自拔，因为他很难融入现实世界，于是只好拿这种不可能的幻想来安慰自己。我们常说的白日梦，就是典型的幻想。

那么，妄想和幻想有什么区别呢？妄想的特点是很容易把事情拔高到神、佛、魔、开悟、通灵等非人类的程度；虽然幻想也被拔高到了极致，带有强烈的理想化色彩，但它还停留在人类的层面。徐志摩有一句话很打动人："我将在茫茫人海中寻访我唯一之灵魂伴侣，得之，我幸；不得，我命。"这句话就充满幻想的意味。

第三，想象。

处于这个层级的人，能清晰地区分想象与现实，而且发展出了非常有现实感的想象和认知，甚至好像能洞见人性的一切奥秘。这类人能基本适应现实，但其实没有融入现实，在与别人相处时总是若即若离，难以深入，而他们的想象和认知仍然主要是头脑构建的结果。

因为有非常好的认知能力，所以这类人容易出现一个问题——本人和旁观者都可能觉得自己似乎掌握了真理，但这不是真的。例如，有一部电影叫《尽善尽美》(*As Good as It Gets*)，曾经被提名奥斯卡最佳影片奖，影片中的男主角写了几十本畅销爱情小说，却根本没法谈恋爱。

现实中很多人都觉得自己的头脑厉害无比，像掌握了宇宙真理一样，但又特别难以和人相处，其实他们都可能处在想象这个层级。

我认为，处于妄想、幻想、想象这三个层级的人都缺乏深度关系。可以说，这些人都没有特别好地完成从自闭之壳到母爱怀抱这一最基本的过渡，因此缺乏活在现实中的能力，进而使脑补成为他们最重要的东西。

第四，情感。

处于这个层级的人，会发现情感，也就是关系的互动其实非常迷人，于是不太容易迷恋自己的头脑。

处于前三个层级的人会惧怕沟通，总是想象对方如何如何，而且不太容易接受对方表达的信息。但处于情感这一层级的人能很好地共情他人，他们的外部世界和内部世界都住进了爱的人。对他们来说，脑补当然还有，但不再是主要的了。

如果你自然而然地处在这一层级，意味着你在生命最初的阶段就实现了从自闭之壳进入母爱怀抱的这一重要发展。这里的"母爱怀抱"，可能是母亲提供的，也可能是其他重要的养育者提供的。发展到这一层级的人可能会对母亲有各种怨言，但无论如何，都应该对母亲心存感激，因为正是她提供的怀抱把你从孤独的自闭状态拉进了关系世界。

第五，灵魂。

一切是一切的隐喻，一切也是一切的幻觉。头脑是情感的幻觉，情感是灵性的幻觉。当情感充分展开，进入酣畅淋漓的爱恨情仇中，你会感觉到这背后还有一个灵魂存在，一切外在现实不过是为了淬炼灵魂而存在。就像稻盛和夫在《活法》一书中说的："我们人生的意义是什么？人生的目的在哪里？……我的答案是：提升心性，磨炼灵魂。"

关系的深度是根本

从脑补到真实的发展，最根本的是关系的深度，但它经常要假借一个很基本的东西来实现，那就是需求被满足。

我们要看到这两者是同时存在的。例如，当母亲给孩子哺乳时，孩子和母亲的身体连在一起，增强了母子之间的敏感度，让母子共生变得更容易。当母亲能照顾好婴幼儿的吃喝拉撒睡玩时，她不仅满足了孩子的需求，更构建了自己与孩子的深度关系，让孩子从孤独的自闭之壳进入了母爱怀抱的关系世界。

对于脑补特别严重的人，包括自己，我们要给予宽容，因为当现实太糟糕时，人是不容易放弃脑补的。

同时，我们也可以得到一个结论：本来就很孤独的人，不要轻易去追求似乎与世俗生活有仇的纯粹的灵魂，因为那很可能只是脑补的东西，看起来高大上，实际上却是一份致命的孤独。相反，**孤独的人需要去追求对自己基本需求的满足**，然后在这种追求中与各种各样的人建立关系，从而把自己从孤独的状态中拉出来。

思考题

在你的脑补活动中，你最常遇到的是哪一个层级的脑补？能举个例子吗？

05　动力诞生，学会直接表达自己的生命诉求

六个月前的婴儿期发展成功的标志是动力的诞生。而所谓动力，就是一个人作为一个生命体发出的一切。

从理论上来说，动力包括三个部分：自恋、攻击性和性。换个角度来说，动力也可以被划分为三类：第一类是身体的欲求，也就是欲望和需求；第二类是头脑的声音，也就是你想表达的观点；第三类是情绪和情感。

把动力的诞生视为六个月前婴儿发展成功的标志，意思是如果养育得好，处在正常自闭期和共生期的婴儿就可以坦然发出自己的各种动力；如果养育得不好，他们在发出动力方面就会有困难，甚至根本无法发出。

在婴儿期，无论是需求完全得不到满足，还是全部被满足，动力的发出都会失败。只有需求得到基本满足，动力的发出才会成功。这种情况会一直延续到我们成年以后。

绝对禁止：需求基本得不到满足

有一次，一位女性来访者给我讲了一个梦，这是她多次做过的

一个梦。在一个巨大的房间里，她躲在地毯下，用地毯将自己紧紧裹住。一只苍蝇站在她身上，它像航母一样大，而且是纯黑的，散发着金属光泽。她被吓得一动都不敢动，觉得一动，苍蝇就会咬下她的头。

我认为，这个梦很像是她婴儿时体验的直观表达。梦里有超大的房子，有像航母一样大的苍蝇，可自己却并不巨大。这很像婴儿的感知，因为婴儿还没有形成基本的时空感，他们会根据自己的感觉放大或缩小空间的体积。

当我把这种解释告诉她时，她说："是啊是啊，应该是这样的。"我问她为什么会这么确定，她说因为梦里的房间外面有姥姥说话的声音，而姥姥只在她一岁前照顾过她，之后姥姥就不在她家了。

婴儿活在全能自恋中，觉得自己是神，一发出动力，全世界就该立即配合、满足自己。可事实上，婴儿是非常脆弱的，如果养育者不配合，他们就会立即体验到无助。也就是说，婴儿认为自己是神，认为自己发出了一份动力，世界就该配合自己。当没得到配合时，他们就会立刻暴怒，恨不得摧毁整个世界，但这会吓到他们，于是他们必须要把这份毁灭欲投射出去。例如，这时外界有个东西想"摧毁"他，而他就会被吓得一动都不敢动。

我觉得可以这样想象：这位来访者在婴儿时期，有很多事让她无助。当没有大人与她共生在一起时，她自己无法搞定吃喝拉撒睡玩的活动，外界又有事物侵扰她，而这种事物很可能就是一只苍蝇。作为一个婴儿，她对这些无能为力，最终种种可怕的感觉就集中投射到苍蝇这个活物上，就好像苍蝇是个巨大无比的恶魔，所有无助感都是由它的攻击导致的。

我提出过一个词,叫"绝对禁止性超我"。弗洛伊德提出了著名的人格结构理论,将人格结构分成本我、超我和自我,而我分别给它们加上了一个前缀,也就是全能自恋性的本我、绝对禁止性的超我和软塌塌的自我,用来认识社会中人的人格。

那么,什么是绝对禁止性超我呢?本我想为所欲为,而全能自恋性的本我追求彻底的为所欲为。当这影响到别人时,就构成了对他们的绝对禁止性超我。也就是说,你的任何自发性都是错的,在绝对禁止性超我的影响下,你会觉得向左不对,向右也不对,站在原地也不对,你的意志像是从你的心灵世界被移除了,你只有听话才是对的。我让你动你才动,我让你怎么动你就怎么动。

发出"绝对禁止"信息的人本质上是个小婴儿,还希望世界完全按照自己的意志运转。而被"绝对禁止"控制的人就是一个失败的婴儿,没法正常地发出动力。我在心理咨询中碰到过多个这样的个案,他们觉得自己怎么做都不对,同时看别人也是怎么都不顺眼,好像这辈子没有过一次满意的时候。

绝对允许:需求全部得到满足

绝对禁止的对立面是绝对允许。例如,有一个女孩一直活在绝对禁止的感觉里,有一次她听到了一句话——"生命的一切都是好的,都是被允许的。"这句话给她带来了巨大的鼓舞,从此之后她开始释放自己。只是,最初追求释放的时候,她就从绝对禁止变成了渴望绝对允许。也就是说,她期待别人接受她的一切动力,她不接受任何束缚、否定,更别说攻击了。但是,在成年人的世界里,这是不可能的。

渴望绝对允许，也是因为自我完全没有建立起来，所以将"我"等同于"我"发出的每一份动力。如果一个具体的动力被否定了，他们体验到的不是一个动力的失去，而是"我"被杀死了。这时，他们就容易爆发出严重的斗志。

绝对禁止是极度糟糕的，如果孩子活在这种感觉中，他的生命力必然会变得很虚弱。但是，绝对允许也是不可能的，即便在婴儿时期，也是不可能的。实际上，**人之所以追求绝对允许，就是因为没有体验过基本满足。**

基本满足：基本需求得到满足

有一位来访者让我印象非常深刻。他强烈地追求完美，希望在自己所在的圈子里，自己在每一方面都是最卓越的。这种期待自然会被严重打击，所以他很容易产生严重的抑郁。也就是说，渴望绝对允许被打击后，他降落到了绝对禁止的地步。

他追求完美的动力非常强，我一开始没有否定、打击他这一点，反而是鼓励他去追求一些可能的完美，甚至还和他一起讨论怎么实现一些目标。

令我印象极为深刻的是，在他花了几个月的时间在一件大事上做到他心目中的完美后，他突然觉得自己可以放松了。后来，在另外几件大事上，他都实现了自己心目中的完美。然后突然一天，他领悟到：凡事不用追求完美，追求完美都是在渴求别人的掌声，事情做到六十分就可以了。

他的家人、朋友和同事也感受到了他的巨大变化。以前他追求完美时，身边的人感觉自己就像被他绑架了一样，常常必须给他掌声，以满足他的自恋。但在他不再苛求完美时，他们与他的相处变得放松了很多，而且能感觉到他也能看见别人了。

事实上，完美只可能偶尔实现，渴望一直完美就是孤独头脑的脑补，而一旦在关系中获得了基本满足，你就会发现，这比完美好太多了。

养育婴儿和养育自己时，基本允许是一个很好的原则。至于绝对禁止和绝对允许，如果非要进行对比，那还是绝对允许更好一些，因为这意味着你还是能把自己的动力表达出来。虽然一开始容易过头，但现实总会教育你，让你不断修正自己绝对化的渴求。相反，如果一直活在绝对禁止中，那就一点发出动力的机会都没有了。

动力的诞生是一切的开始。实现了这一点的人能够比较直接地表达自己的各种生命诉求，他们整体上会呈现出主动、积极的态势。

发展得比较好的人，既能表达自己的动力，能在追求动力的实现上付出不屈不挠的努力，也能在发现追求的成本太高或者追求根本不可能实现时选择放弃。发展得不够好的人，则容易过度执着。一旦表达了动力，不管能否实现，也不管是否会对别人造成严重的伤害，他们都希望这必须实现，不能接受自己发出的动力会"死去"。

这两种人的差异是，前者不仅实现了动力的诞生，也实现了自我的诞生，而后者只实现了动力的诞生。

感觉的诞生

在动力诞生的过程中，还有一件事会发生，那就是感觉的诞生。

婴儿和任何事物建立关系都会有自己的感觉。如果母亲等养育者太喜欢控制婴儿，并把自己的意志强加在婴儿身上，婴儿就可能会失去自己的感觉，这时孵化就不存在了。例如睡觉，婴儿会有自己的节奏，如果对他进行严苛的训练，虽然通常会起到效果，但代价很可能是婴儿不断放下自己的动力。要知道，虽然经受过训练的婴孩可能会早早地变得安静、不惹事，但这样的孩子远不如一个充满能量、宛如永动机的婴孩健康。

我希望你能记住温尼科特的说法：**如果在生理问题方面对婴幼儿进行严苛的训练，那就是对他们的虐待。**

作为成年人，如果你发现自己是一个被动、封闭的人，你也可以问问自己：我是不是严重失去动力了？如果答案是确定的，那你也该好好养育自己内在的婴儿，让自己再次充分发出自己的生命动力。

思考题

在绝对禁止、绝对允许、基本允许中，你认为你的动力属于哪种情况？为什么？

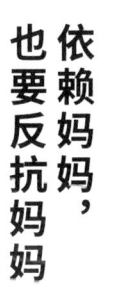

第三章

依赖妈妈,也要反抗妈妈

我到得了那里吗?
那个鹿只扑向猛狮的地方。
我到得了那里吗?
那个我所追寻者在追寻我的地方。
——鲁米

引论　当温暖的母爱怀抱变成禁锢你的母亲包围圈

上一章讲了从自闭之壳到母爱怀抱的过程，这是心理发展上的一个里程碑。而本章，我要告诉你，这虽然是一种发展，但一定不能停留在这里，否则温暖的母爱怀抱就会变成令人窒息的包围圈。

我会在本章谈谈六个月到二十四个月大的婴幼儿的心理发展过程。这个过程主要是控制与被控制、独立与依赖的矛盾。对孩子来说，如果发展顺利，他们就会初步发展出意志。对成年人来说，我们需要审视自己在这些方面的发展是否足够充分。

精神分析中常常会出现一些让人感到惊悚的词汇，例如"俄狄浦斯情结"，这说的是恋母弑父、恋父仇母；又例如"心理弑母"和"心理弑父"，这说的是孩子的人格要走向独立，需要在心理上完成对母亲意志的"弑杀"，接着完成对父亲意志的"弑杀"。

不过我认为，说这些词汇并不是有意要耸人听闻，而是只有这样讲才能表达精神分析理论的深意——只有使用"弑"这样的词，才能反映亲子关系中也有残酷的一面。例如，如果父母在控制孩子上太用心，他们就是在杀死孩子的意志，也就是杀死孩子的精神生命；相反，孩子对父母也有这种动力。

那么，一个人是怎么在心理上摆脱父母的控制，初步形成自己意志的呢？在本章你就能找到答案。

*

从整本书的结构来看，本章到第五章都是在讲突破母爱怀抱，这也是自我诞生的第二阶段。从"蛋—鸡—鹰"的形象化模型来说，这是小鸡逐渐进化成小鹰的阶段。根据马勒的理论，这一阶段涉及的是分离与个体化期的前三个亚阶段，也就是分化与躯体意象期、实践期、和解期。

我们还可以这样理解：第二章讲述的阶段是孩子的心理生命诞生了，但这个生命还非常脆弱，需要在一个温暖的母爱怀抱中锻炼，这时就产生了一个基本矛盾——既要依赖母爱怀抱，又要演练和母亲的各种对抗。如果这份依赖被允许，孩子对关系的信任就产生了；如果这种对抗被允许，孩子的力量就被初步允许了。

接下来，就让我们开始本章的学习。

01　反抗妈妈，突破母亲包围圈

我提出过一个词，叫"母亲包围圈"。顾名思义，这是说一个人几乎被母亲的意志和存在包围了。第二章讲过，一个人从自闭之壳发展到能进入母爱怀抱是一个非常重要的里程碑。但是，你不能停在这里。母爱怀抱很好，但如果停在这里，就意味着陷入了母亲包围圈。

与妈妈的抗争

我有一位来访者是个经典的中国式美女，看上去总是弱弱的，颇有林黛玉的风格。在中国，这是很受男人喜欢的，所以追她的男人不少。然而，她对事业没有规划，也没有考虑过未来想过一种什么样的家庭生活，像是在做一天和尚撞一天钟。而且，虽然她非常受男性欢迎，可她却对构建自己的家庭缺乏信心，一旦有女性来和她抢男人，她就会自动后退。

我和她讨论这个问题时，一开始，她说觉得自己战胜不了竞争对手。再谈下去，她说出了一种更重要、更强烈的感受——她觉得所有男人和妈妈的关系都太紧密了，她根本挤不进去。更进一步谈下去，我才发现，真正的问题是她有一种根深蒂固的感觉，觉得永远都斗不过自己的妈妈。长期以来，但凡和妈妈出现争执，她永远都是输的那一个。

她第一次和妈妈抗争成功，是在大学的时候。那时她们刚刚搬进新家，在她卧室中的床该怎么摆这件小事上，她和妈妈出现了分歧。一直以来，她都特别听妈妈的话，可那一回，她的倔劲儿上来了，她一点都不想让步，而妈妈也一样。围绕着床该怎么摆，母女俩愣是争了半天，最后她大哭了起来。即便是这样，妈妈也依然要坚持按照自己的想法来。

正巧，这时妈妈的一位好友来了，看到她们争成这样觉得很惊讶。这位好友对她妈妈说："女儿都这么大了，你怎么还管这么多？这是她的房间，她爱怎么摆就怎么摆吧。"然后，妈妈听了好友的劝，尊重了她的意见。

在这位来访者的记忆中，那是她这辈子第一次成功拧过妈妈的意志，即使这个过程中有别人的帮助。

妈妈对她有强烈的控制欲，而且这份控制欲无处不在。她想做一件事，意味着她升起了一份动力，这份动力可以被视为一个独立的生命，而妈妈在这件事上特别想管她，并且成功以后就意味着她的那份动力被灭掉了，妈妈的意志占据了她的身心。那份被灭掉的动力，可以说是一份死能量。那么，什么是死能量呢？

黑色生命力

我曾经提出过一个形象化的模型：想象你是一个能量体，你的任何一份动力，如欲望、需求和想表达的声音等，都像是章鱼伸出的一个能量触角。这个能量触角本来是灰色的、中性的，但如果它能够被其他能量体接住，与其建立起关系，那它就会被照亮，就会变成彩色乃至白色的能量，即白色生命力；相反，如果它没有被接住，而是被拒绝或者被忽视了，那它就会变成黑色能量，即黑色生命力。

如果这份黑色生命力继续向外表达，就会变成对其他能量体的攻击，这就是破坏性。但如果它不能向外表达，就会转而攻击自己，进而对自己形成压制。如果你仔细感知就会发现，所谓的无力感，其实都是黑色生命力转而向内压制自己的结果，这也是人会抑郁的原因之一。

关于黑色生命力和白色生命力，还可以换成另一种表达——死能量和生能量，前者指向破坏，后者指向滋养。

在前面这位来访者的故事中，本来摆家具是一件简单的事，但一加入妈妈强烈的管制，就变得复杂、深刻了。不过，一旦理解了这种事情中藏着"你死我活"的战斗，或者更准确地说，是"你的意志死、我的意志活"的战斗，我们立即就能明白，这不是一件无关紧要的小事。

妈妈严重地控制着这个女孩，而且非常有耐心和决心。同时，母性的确容易让人事无巨细地去关心孩子的事情，这位妈妈就是这样。此外，妈妈在和她斗争时总是赢。这些因素加在一起，对她构成了一种全方位的"围剿"——妈妈的意志无处不在，把她彻底包围了，她冲不出去，而她的意志大多也被闷死在这个包围圈中。

这位来访者还告诉我，她常常做一个梦。梦里，她去车站或机场，想坐交通工具离开，可她总是买不到票，总是没法离开。其实，这个梦和她另一个重要的情况有关。

从小她就本能地想离妈妈远一点，例如去找爸爸，可爸爸总是会把她推回到妈妈身边。她去找其他亲人，他们也都会说"你妈不容易""你妈最爱你了""你妈喜欢你、需要你""你多陪陪你妈"之类的，这些话让她非常绝望。我觉得这种感觉就是那个梦的意思：她离开了妈妈的包围圈，想乘坐列车或飞机离开妈妈，可周围人的态度都像是在说你没有买票的资格。

母亲包围圈

因为这位来访者的故事，我想到了"母亲包围圈"这个词。不过，我当然不是因为这一个个案就提出了这个词，而是因为许多类似的个案让我先有了各种理性的总结，到了她这里，突然很多东西被触动，然后我就想到了"母亲包围圈"这样一个简单而又形象的说法。

你可以粗略地观察一下周围的人，我相信你会看到很多人都处在母亲包围圈中。学者孙隆基写过一本很好的书叫《美国的弑母文化》，讲的就是美国文化对躺在母爱怀抱中有很深的恐惧。

"恋母"或"寻母"的说法是在说，哪怕成年人也都是孩子，都在寻找母爱怀抱。但我觉得这只是一方面，另一方面是母亲也不想让孩子离开。例如这位来访者，她虽然也会被充满雄性魅力的男性吸引，但她更倾向于选择温和、宽容的男性，因为这样的人身上有更多的母性。我觉得这就是在"寻母"，但对于她真实的母亲，她绝对是想离开的。只是一离开，她又容易有深重的内疚感。

病态共生

再来看另一个故事。我有一位男性来访者是个超级宅男，也是典型的回避型人格障碍者。他只有两个深度关系，一个是和妻子的，一个是和妈妈的，而在遇见妻子之前，他的世界里只有妈妈一个人。他的妈妈也不断地说自己的世界里只有他一个人，说的好像他们是孤儿寡母相依为命似的。可是，这位来访者是有父亲的，而且他们也生活在一起。

这其实是一种典型的病态共生关系。一般来说，如果病态共生关系发生在亲子关系之中，那几乎都是父母想和孩子共生，而孩子想离开却离开不了。

有一次，这位来访者看了一部美国西部电影，影片讲的是挖金矿的事。那是一个属于男性的丛林社会，动不动就打打杀杀，人们视人命如草芥。可看完之后，他生出了一种强烈的憧憬，很想去这样的世界，哪怕只是做一个小喽啰，哪怕可能会轻易就丢了性命也想去试一试。

然而，他觉得自己去不了，因为妈妈离不开他。如果他离开了妈妈，妈妈会活不下去，而这会让他内疚至极。他想到的"唯一的"解决办法是他得有分身术，真实的自己去那个丛林社会，虚假的自己留在家里陪妈妈。

讲这两个故事，是想让你明白什么是母亲包围圈，以及怎么判断自己是否陷入了母爱包围圈。我认为，**如果一个人离不开母亲，或者一想到要离开母亲就会特别内疚，可能就意味着他身处母亲包围圈中。**

练习题

如果你也有身处母亲包围圈的感受，那你可以做这样一个练习：

拿一个让你感觉很像妈妈的物品，找一个安静的场所坐下，闭上眼睛，让自己安静下来，再花一点时间感受自己的身体，做四五次深呼吸。

继续闭着眼睛，想象一下妈妈出现在你身边，想象她会出现在什么位置，她是什么样子的。尊重第一时间出现在你脑海中的情景，不要做任何修改。

睁开眼睛，把那个代表妈妈的物品放到她出现的位置。接下来，你就在那个位置上想象和妈妈在一起的感觉。

再接着，试着离开妈妈。可以先倒退着看着妈妈，越来越远，然后再转身，继续逐渐远离，最后离开那个房间。

建议你慢慢地做这个练习，看看会发生什么。

02　逃离共生，避免与妈妈共生的状态

除了"母亲包围圈"，我还提出了一个词——"共生绞杀"。

要理解共生绞杀，就要理解共生关系的本质。**本质上，共生关系是我和你的自我都消融，然后构成了一个共同体"我们"。**

你可能会觉得这听起来还不错，"我们"，这听起来多温馨、多舒服啊。相反，一个人老讲"我""我""我"，听上去就有点太自私、太生分了。乍一看确实是这样，但我要告诉你，这样想其实是因为没有理解共生关系的残酷之处。

共生关系的达成需要一个激烈斗争的过程，"我"和"你"必然要去争做"我们"这个共同体的代言人，而最终的结果是"我"或"你"中的一个人占据了"我们"，而另一个人的自我消失了，也就是被绞杀了。这也就是这一节想重点讲述的共生绞杀。

共生绞杀的两个层级

共生绞杀存在两个层级，分别是细节水平上的绞杀和抽象目标水平上的绞杀。

细节水平上的绞杀，是指对一个个具体动力的绞杀。也就是说，

"我"在每一件琐碎的事上都要去管制"你",要你听我的。这一旦达成,就意味着"我"绞杀了"你"一个个具体的动力。

抽象自我水平上的绞杀,在时间上是长年累月的,"我"通过绞杀"你"一个个具体的动力,最终把"你"的自我消灭了。

正常共生是一种真实的需求,无助的小婴儿要把他的声音传递给母亲,以便让母亲照顾好他。面对几个月大的新生儿时,一些母亲的自我也像被灭杀了一样,或许正是因为这一点,英国精神分析学家温尼科特才会说,有原始母爱贯注的母亲像是处在一种特殊的"病态"中。

但是,我经常看到这个逻辑被逆转。有太多母亲渴望把自己的声音传递给孩子了,而这就对孩子构成了绞杀。如果只有一个具体的动力被绞杀,那这种绞杀的影响要看这个动力的意义有多大。例如,你想吃巧克力却被禁止了,这偶尔发生一次无关紧要。但是,如果你在考大学、选专业,或者在选择和谁结婚时,自己的动力被灭杀了,而变成了遵从父母的意志,这就是一种严重的绞杀,会产生较大的影响。

所以,最糟糕的是抽象自我水平上的绞杀。那什么样的父母会对孩子构成这种绞杀呢?就是那些好像对管孩子这件事特别上瘾,对孩子的任何事都要管的父母。

一位年轻女孩告诉我说,不管她做什么,都绝不可能得到妈妈的认可和支持。非常微妙的是,不管是什么事,妈妈都一定要管一下,哪怕只是管一点点。打个比方,她本来的选择是5分,妈妈最终帮她选定的有时也就是5.1分,虽然只是0.1分这么小的差别,但也透露着这样一种含义:你的自发选择,我是绝不可能接纳的。

如果几乎所有事情中都藏着这种含义，这种对一个个具体动力的绞杀就最终构成了对一个人抽象自我水平上的绞杀。而一旦达到抽象自我水平上的绞杀，也就达到了严重的"你死我活"的状态。当然，这时的"你死我活"可能就不是比喻了，而是有了真实的杀戮含义。

病态共生的案例

我关注过一些比较典型的社会事件。比如，十几年前，上海某大学一位女研究生在宿舍自杀，用一种难以想象的方式痛苦地结束了自己的生命。

这件事发生后，她的家人大闹，说是因为校方太冷酷女儿才会自杀。但很快，人们就通过这家人和朋友的描述，发现了这个女孩生活的一些特别之处。原来，她的母亲竟然和她一起住在研究生宿舍里，跟她挤在一张床上，女孩的舍友也都因为受不了而纷纷搬离了。

据说，女孩在读本科时，母亲就一直跟着她。而这位母亲身体健康，有退休金，有房子，事实上根本没有任何理由这样挤进女儿的空间。我认为，就是因为她严重地和女儿共生在一起，最终将女儿绞杀了。

女孩在考大学时特意想考去另一座城市，可能就是为了逃离母亲，但被母亲否决了。后来，母亲为她选择了一座大都市，但这不是出于女孩的意志，而是母亲想去那里。女孩的同学观察到，母女俩走在一起时，母亲很骄傲，女孩却常常神色暗淡。我认为这就像母亲产生了错觉，觉得是"我们"在一起读书，当然，这个"我们"是由她控制的。

另一个比较惨痛的故事，是一位高才生男孩杀死了自己的母亲。我看到的很多信息显示，母亲对他有严重的管控。例如，母亲每天都给儿子打电话，跟他讨论学业，还让儿子汇报每一笔账单，精确到几元几角。我甚至还看到有信息称，儿子怎么吃饭，吃饭时要保持什么姿势，母亲也会管。如果这些信息都是真的，那我觉得，也可以说是母亲想和儿子共生在一起的控制欲造成了最终的绞杀。

这两个案例展现了母子病态共生的一体两面，女孩选择了绞杀自己，男孩则选择了绞杀母亲。当然，这两个案例很极端，但它们传递的信息极为重要：**当母亲或其他养育者成功地和孩子共生在一起时，他们的关系中必然存在着"你死我活"的斗争。**

进入更大的空间

那么，面对这种病态共生的状态，该怎么办呢？答案很简单，就是孩子得突破母亲包围圈，进入更大的空间。

想要顺利突破母亲包围圈，理想状态是当孩子提出自己的需求，或者表达自己的主张时，母亲予以正视，并给予孩子一定的选择空间，父亲或其他亲人也要鼓励母亲给予孩子一定的自由。同时，还需要社会文化的指引，让大家在整体上达成一种共识——大一点的孩子离开母亲的怀抱是正确的、必然的。

我特别想强调的一点是，我们必须警惕那些过分美化母爱的成年人，因为他们内心中可能还藏着另一种真相，那就是对母亲的恨。这看上去可能有点匪夷所思，但我看到的很多案例都显示，越是把母亲说得伟大的人，对母亲的恨意就越多，也越想离开母亲。

例如，我见过一位智商很高的女孩，她在一家顶级的跨国金融机构工作，很以自己的逻辑思维能力为傲。不过，她说在高中时，她思考过这样一个问题：有人可能一辈子从来都不犯错吗？从逻辑上讲，这不可能。但事实上，真的有人做到了，例如她妈妈，她妈妈这辈子就从来没犯过错。

作为旁观者，我们当然知道这是不可能的。可这个女孩为什么会有这种感觉呢？真相是，她妈妈确实非常厉害，但也极度自恋。她和妈妈在一起时，妈妈的聪明和强势让她根本没有空间去看到妈妈有问题的一面。直到高中毕业，上了大学，和妈妈拉开了距离，她才看到妈妈也是一个有很多问题的人。

有意思的是，后来我把这个故事写在微博上，居然有很多人说他们在中学时有过一模一样的思考。

和妈妈共生在一起的成年孩子一般都有一个特点：对妈妈的需求，特别是情绪非常敏感，对自己的需求、情绪和感受则非常迟钝。其实，**这也是共生关系的特点：忘记了自己的感受，为别人的感受而活**。

如果你发现自己正处在这种状态，首先，你必须意识到这是一个很严重的问题；其次，你要尽可能与妈妈完成空间上的分离，留出感受自己的空间；当然，最重要的是完成心理上的分离。在这种时候，我强烈建议你找一位咨询师辅助你完成分离，因为心理上的分离是非常困难的，你会发现，对自己的感受迟钝、对别人的感受敏感已经成了你的习惯，挥之不去。

举个例子，我的一位心理咨询师同事给我讲过的一个来访者的故事。

一个女孩一直是妈妈的"贴心小棉袄",妈妈永远都不让她关房门,一直会很随意地翻她的东西。父母闹离婚时,她就是妈妈派出去的侦探,去监视爸爸的一举一动。父母发生大战时,她也永远是妈妈的同盟。她一直觉得,妈妈这样做都是出于爱。

后来她恋爱了,她很快乐。而且她惊讶地发现,妈妈竟然憎恨她的幸福,质问她为什么经常偏向外人。这时她才醒悟过来,发现她和妈妈的关系是有问题的。最终,她坚决地离开了妈妈。从家里搬出来的那一刻,她感受到了一种从未有过的海阔天空的感觉。我认为这是很真实的感觉。

*

这两节讨论了母亲包围圈和包围圈里共生绞杀的问题。你已经知道了,从自闭之壳到母爱怀抱是关键的第一步,也是母亲给孩子的一个重大礼物。但母爱怀抱毕竟是一个很小的空间,而一个人的成长,只有不断进入更广阔的世界才能完成。一旦母亲想要控制孩子完成这一步成长,就会发生共生绞杀。

思考题

你有过逃离母爱怀抱的愿望吗?你会付诸什么行动呢?

03 走向自主，在关系中与妈妈争夺控制权

看完母爱包围圈和共生绞杀的内容，你或许会觉得有些黑暗，觉得怎么就把母爱说成这样了。如果你有这种想法，我希望你也能记得第二章讲了母婴共生有多么重要。我只是强调，孩子不能停留在母爱怀抱，必须完成与妈妈的分离。

总论部分讲过精神分析学家玛格丽特·马勒的理论，她把三岁前孩子的心理发展分成了三个阶段，第三个阶段是分离与个体化期。分离就是婴幼儿与母亲身体上的分离，而个体化是指婴幼儿自我的逐渐呈现，这可以被看作心理上的独立。这两者的发展程度最好是相匹配的。

如果孩子在心理上早熟，也就是个体化太早实现，但身体能力还不足以支撑他独立，那他就会在使用身体能力方面出问题，这常常是因为妈妈不能正确地评估孩子的发展程度。

如果孩子的身体能力已经可以让他实现与妈妈的分离，但心理上的个体化发展滞后，也会带来问题。例如，一位男士告诉我，在他读小学高年级时，妈妈还在喂他吃饭，而这让他觉得自己还是一个小宝宝。

分离与个体化期又被马勒细分成了四个亚阶段，分别是分化与躯

体意象期、实践期、和解期、情感客体稳定与个体化期。下面就来具体谈谈前三个时期，最后一个时期会在第四章详细讲解。

分化与躯体意象期：大约四五个月到十个月

当孩子四五个月大时，"我就是妈妈，妈妈就是我"的共生感已经开始动摇了，而到六个月大以后，这种感觉变得更加明晰起来。

在这个阶段，孩子会发展出一些侦测行为。例如，咬自己的手指，疼；再咬妈妈的手指，不疼。这会让他们想，"哦，好像妈妈和我的身体的确不是一起的"。这种身体上的分化开始让孩子体验到"我是我，妈妈是妈妈"。这是一种重要的分化，还会引出一系列其他的分化。

第一，内部世界和外部世界的分化。"我"和妈妈是内部世界，我和妈妈之外的则是外部世界。孩子对外部世界越来越好奇，越来越想离开"我"和妈妈的内部世界，进入外部世界。

第二，妈妈和其他人的分化。在这个阶段之前，孩子通常没有陌生人焦虑，因为他们觉得不管是妈妈还是其他人，都是一样的。但到了这个阶段，孩子开始对陌生人有了提防意识，因为他们认识到了妈妈和其他人是不一样的。

除了这两类基本的分化，还有一些细腻的分化。例如，孩子会开始区分妈妈的身体和妈妈的衣服，认识到这也是不一样的。

从整体上看，分化良好的孩子会把注意力从内部转向外部，并因此产生各种动力，如急着去发展爬行、走路甚至是跑等能力。如果分化得不够顺利，孩子的注意力大多还停留在自己和妈妈的内部世界，他的发展就会受阻。可以说，孩子能很好分化的基础是共生关系得到基本满足。如果共生关系建立得比较差，孩子就会推迟分化，还想和妈妈黏成一个人。

实践期：大约十个月到十五六个月

实践期是孩子的能力急剧发展的阶段，他们先是能借助爬行或扶着东西挪动身体，从而可以离开母亲，后期会发展到自己能站着行走。

每个婴儿一出生都有全能自恋，觉得自己就像神一样无所不能，但其实他们的能力很弱，所以这份自恋只能由妈妈提供的良好照顾来满足。可到了实践期，孩子发现可以自己满足自己了，于是这份自恋得到了直接满足，这种感觉简直太好了。

马勒说这个阶段的孩子"和这个世界有着一段甜蜜的恋爱，甚至中毒了"。出于这种强烈的全能感和信心，孩子会显得很皮实，跌倒了也容易觉得无所谓。同时，他们也开始频频说"不"或者"我来"。

第一次读到马勒的这种理论时，我想到了施瓦辛格那样的大块头明星，觉得他们身上散发的味道和实践期的孩子很像。在影片中，这类明星主要就是展现自己的无所不能，他们的风格和布拉德·皮特等明星演绎的男人味儿很不同。相对而言，后者是强烈需要女性的，并且他们与女性在人格、力量方面有平等的感觉；但在大块头肌肉男做主角的电影中，女性只是陪衬，被严重弱化了。我觉得这很像实践期的孩子对妈妈的感知，他们好像一直在说："你看我多么强大。"

面对这一阶段的孩子，有的妈妈会迫不及待地想把他们丢开，计他们自己照顾自己，觉得自己被解放了。但实际上，在这个时候这样做太早了，孩子还非常需要妈妈。还有的妈妈非常享受以前和孩子共生的感觉，所以不喜欢孩子的这份自恋。有些妈妈甚至会因此而想再生一个孩子，好再去构建母婴共生的感觉。当妈妈有这样的渴求时，就容易压制孩子的发展。

和解期：大约十五六个月到二十四个月

孩子在实践期的全能感很快会过去，正在学步的孩子很快就会累积不少受挫感，这会让他们再次对自己的独立能力产生怀疑，对母亲的依赖也会重新多起来，他们会再次去靠拢妈妈，所以这个阶段被叫作和解期。

这一阶段的孩子还会产生"和解危机"。因为要处理自主与依赖的矛盾，所以他们要逐步消除自己的全能妄想，同时又要留住"我很棒"的感觉。

在这一阶段，或者说在整个分离与个体化期，孩子都会与妈妈争夺关系里的控制权，他们对妈妈控制自己很敏感，同时也会想去控制妈妈。如果真的能做到，孩子就会产生自豪感。因此，妈妈需要适当满足孩子的这一点需求，这也是孩子未来能跟别人协作，或者支配、领导他人的基础。

控制与被控制是整个分离与个体化期的核心矛盾，但它在和解期的表现会更强烈一些，因此孩子会在这个阶段表现出一种特有的难缠状态。例如，孩子会对母亲或养育者发出矛盾的指令，如让你帮他倒水，可你真倒了，他们又会生气，搞得妈妈不知道他们想做什么。

那为什么会这样呢？其实是因为孩子在这个阶段既有全能感的残留，幻想着自己无所不能，同时又知道这不真实，知道很多事情是自己做不到的。于是，他们期待的解决方式是妈妈神奇地满足了他们，但又不需要他们感激，这样会显得这件事好像是他自己干的一样。

其实，这种情况不只会出现在孩子身上，在成年人中也很常见——有太多人喜欢别人帮他们把事情处理好，最后又弄得好像是他们自己的功劳一样。比如，我有一位来访者回忆起中学时妈妈帮他做了很多事，帮他写作文，帮他做手工，并且完成得恰到好处，很像他那个年龄的孩子能做到的。因为妈妈做得实在是太好了，所以替他夺得了各种奖励和赞誉，而他特别享受这一点，认为这就是自己的功劳，没有一点不安。

容器、挫折与自我效能感

分离与个体化期的这三个亚阶段看起来很复杂，妈妈等养育者想要细致入微地把握孩子的心理变化非常不容易。但实际上，你只要把握三个概念，就能很好地帮孩子度过这三个阶段。这三个概念分别是"容器功能""恰恰好的挫折"和"自我效能感"。

"容器功能"，是指一个养育者（主要是母亲）要做孩子的容器，包容孩子无法包容的情感，慢慢帮助孩子消化、接纳和成长，帮孩子发展出容忍挫折的能力。它有两个特点，一是当孩子把事情做好时认可他，二是当孩子遇到挫折时支持他。

"恰恰好的挫折"，是指在孩子的发展过程中，如果完全没有挫折，他就没法成长，例如可能一直停留在全能感中；如果挫折太大，那他也无法成长。所以，最好是给他恰恰好的挫折，有点超出他的能力，但通过努力能克服。这些努力最终会滋养孩子的自我效能感。

"自我效能感"最早由美国社会心理学家阿尔伯特·班杜拉（Albert Bandura）提出。他说，自我效能感就是人们对自身能否利用所拥有的技能去完成某项工作的自信程度。简单地说，就是孩子通过克服一个又一个困难，不断体验到"我能行"的感觉；即便真不行了，也可以向他人求助，这不丢人，能利用别人也是一种值得骄傲的能力。这是整个分离与个体化期最重要的目标。

分离与个体化期是一个无比宝贵的练习场，因为它基本上没有成本，但其挑战性不亚于成年人结婚、恋爱、生子、工作和交友的过程。在这个阶段，如果能让孩子充分体验到"我能行"和"不行了就去找人"的感觉，这将成为孩子过好这一生的重要基础。当然，如果你是一个成年人，但小时候没有很顺利地度过这个阶段，那你的自我效能感就会比较弱。

思考题

你能根据现在的行为习惯分析一下自己在分离与个体化期的情况吗？

04　心理弑母，完成心理上与妈妈的分离

我的良师益友、国内知名精神分析师曾奇峰说过："**爱制造分离，而施虐制造忠诚。**""忠诚"这个词听上去多么美好，可被这样一解析，味道全变了。那么，这句话到底是什么意思呢？

在这本书中，我一直在讲人的成长过程需要不断地破壳，只有这样才能从一个小的空间进入更广阔的世界。在这个过程中，如果某个地方特别强调忠诚，一个人的发展就会停在那儿。

分离与忠诚

在健康的成长过程中，一个人会不断渴望进入更广阔的空间。在分离与个体化期，如果孩子正常发展，最终的结果就是他的个体化自我得以诞生，心理上与妈妈的分离也得以完成。

怎么实现这一点呢？玛格丽特·马勒给出了解决办法，就是按照孩子的身体发育水平，不断与孩子分离，最终让孩子的个体化自我得以诞生。可这个过程是复杂的，母亲或其他主要养育者既要照顾到孩子的自主需求，也要考虑到孩子的真实发展水平。这种复杂的满足，依靠的是对孩子深厚的爱。

那什么因素会让一个人的发展停下来呢？曾奇峰老师认为是施虐。你可能会觉得"施虐"这个词听起来太刺耳了，所以我想换一个温和一点的词——"匮乏"。如果对孩子的爱不够，让孩子感受到了匮乏，就可能会出现两种结果：一种是孩子过早地完成个体化，也就是早熟；另一种是孩子的个体化没法完成，心理上不能与母亲分离，进而陷入母亲包围圈之中。

当然，"心理上与母亲的分离"这种说法不完全符合精神分析的表达，更准确的表达是"心理弑母"。它的意思是，孩子在走向自主时，需要完成对加在自己身上的母亲意志的反抗。例如，我一位朋友的儿子活力四射，两三岁时，他多次对我朋友说出让她特别受不了的话，比如对她大喊："妈妈我恨你！我恨不得把你切成碎片，再倒进马桶里冲走！"

最初听到这种话时，我朋友非常生气，后来她了解到了"心理弑母"这个说法，平静了很多，也就可以和儿子耐心地谈论了。她跟儿子开玩笑说："妈妈要是没了，谁陪你玩？谁给你做好吃的？你好好想想，还希望妈妈消失吗？"儿子想了想说："妈妈，我就是很生气，但我不想让你真的消失。"过了一会儿，儿子又过来说："妈妈对不起，我爱你。"

现在她儿子已经读小学了，仍然活力四射，而且情商很高。所以，他虽然说过那种狠话，但那不代表他的真实想法，他只是在经历一个分离的过程。

所谓分离与忠诚的矛盾，其实全在于孩子的选择。当孩子的意志和母亲的意志发生冲突时，如果孩子选择尊重自己的意志，就是完成了心理弑母；如果孩子选择遵从母亲等养育者的意志，就是被忠诚所困，失去了自己。

控制与被控制

我这位朋友的儿子是一个成功完成分离与个体化的例子，但也有很多没有完成分离的例子。例如，上一章讲到的那位回避型人格、幻想去美国西部挖金矿的超级宅男，他发现自己的一个问题是读书不能专注，最多两分钟就会走神。经过和他的探讨，我发现他的走神是在寻找妈妈。

在我和他探讨走神这个问题时，他说了一句令我印象深刻的话。他说："武老师，你想象一下，如果你专注地干一件事，一转身却发现妈妈不见了，那就太惨了！太惨了！"他特意多说了一遍"太惨了"，来强调这种感觉的强度。当时我很难与他的这种感觉共情。后来我花了很多时间，听了很多故事，才慢慢真的理解了他的感受——因为不能让这么惨的事发生，所以他不能专注，只能隔一小会儿就离开自己专注的事去寻找一下妈妈，确认妈妈是否还在。

这位来访者有很强的察言观色的本领，常常我话还没说，他就已经猜到我下一句要说什么了。但是，这种本领没有多大的用处，因为他绝对不允许自己使用这种能力去利用别人，不允许自己在关系中处于控制地位，而只能让自己处于被控制的状态。可以说，他练出这种本领只是为了更好地讨好别人。而这又引出了一个新的问题——他在一个时间段里只能和一个人打交道，如果多一个人，他就会手足无措，慌得不得了，因为他做不到同时全力讨好两个人。这样生活太累了。

在读大学时，他发现自己永远是宿舍最后一个睡着的人。一开始他不知道这是怎么回事，后来发现，他在不自觉地做一件事，那就是必须确认宿舍里其他人都睡着了，他才能睡觉。

当时，他不明白自己为什么要这样做，但是也控制不了自己。直到找我做了心理咨询后，他才理解了自己的逻辑：他在无形中把所有人都当成了妈妈，他惧怕每个人离开自己，所以必须确认所有人都睡着了，再也不会离开自己了，他才能放松，才允许自己睡着。

关于他在三岁前是怎么成长的，妈妈和他是怎么相处，我并不能很好地确认，因为他的记忆太模糊了。而按照他妈妈的说法，妈妈很爱他，他不应该变成这种状态。

不过，我也给不少妈妈做过咨询，她们往往都会说自己孩子的问题。通过对这些咨询经验进行总结，我发现通常的情况是：在六个月前的共生期，孩子没有和妈妈建立起基本的共生关系；在六到三十六个月的分离与个体化期，妈妈或其他养育者对孩子的控制欲太强，不允许孩子按照自己的意志行动，同时与孩子的分离比较多；更夸张的是，等孩子长大了，妈妈反倒越来越依恋孩子，不想让孩子离开，甚至对孩子强调，"你是我生命中唯一重要的人，我不能失去你"。

我相信，这不仅仅是我个人的总结，而是一种常见的社会现象。

指向分离的爱

几乎所有的爱都指向亲密，唯独父母对孩子的爱指向分离。父母越爱孩子，孩子走向分离时就越容易。但如果这份爱很匮乏，孩子的离开就会变得困难很多。

当我们想给另一个人爱时，需要问问自己：我对他做的，是增强了他的自我，还是破坏了他的自我？是让他变得强大、自信，还是让他变得虚弱、自卑？

养育者需要谨记孵化隐喻，尊重孩子周围的壳，为他提供良好的孵化环境，让他从内破壳而出，而不要从外部去帮他破壳。孩子越小，这一点越重要。特别是在分离与个体化期，孩子已经开始展现出强烈的自我意识和地盘感，不仅总是说"我"，也常说"我的"。因此，父母，尤其是整天与孩子朝夕相处的母亲或其他类似于母亲的养育者，一定要尊重孩子的这种边界意识。

心理学家荣格说，母性总是指向融合，所以让母亲这么做不容易。但如果母亲能做到，这就会成为给孩子的一个巨大的祝福，因为这意味着孩子在生命最初就被允许按照自己的意志行动，他的地盘和边界都是被允许的。

对母亲来讲，能做到这一点的一个重要基础是，母亲有自我和自己的世界。如果母亲有自我和自己的世界，那么，虽然在孩子幼小的时候，她必须照顾孩子，可随着孩子的能力不断增长，她也会自然而然地后退。但如果母亲没有自我和自己的世界，这就会成为一个大难题，她会更容易舍不得孩子与自己分离，因为这会让她感到失落。

思考题

你认为忠诚和爱的边界在哪里？

05　自我洞察，看清潜意识中对妈妈的态度

在使用"母爱"这个词时，我们容易给它披上玫瑰色的外衣，好像它就是纯然美好的。但我希望本章讲到的关于母亲包围圈的内容，能帮你看到母亲和孩子的关系可以有多么复杂。在表达"爱母亲"时，我们也很容易会觉得这是一件纯然美好的事。但实际上，它同样是复杂的。

这一节，我就通过过度讴歌、过度拯救和强大恐惧症这三种表现，带你看清一个人的表象和本质之间的关系。了解了这三种表现，当你看到 A 时，就意味着你也看到了 –A。学会用这种逻辑去看人和事，你就会获取惊人的洞察力。

过度讴歌

说看到 A 时就看到了 –A 是什么意思？例如，有人把母亲对他的爱和他对母亲的爱摆到了极高的位置，这就是 A。但这时，你要从这个现象看到他的另一面，甚至可以相信另一面更真实，这个另一面就是 –A。

我在心理咨询中见过很多男士，他们小时候都生出过强烈的念

头，想为母亲写一本书，歌颂她们是天下最伟大的母亲。但同时，他们对母亲也有强烈的恨意，甚至是深深的鄙视。然后，他们又因为这种恨意和鄙视而产生深重的内疚。

意识上美化母亲，潜意识中憎恨母亲，然后又因此在意识上产生内疚，这是极其常见的一种逻辑。我认为，只有当一个人认识到这一点，他才有可能深入自己的内心，看到自己对母亲复杂的情感。这种复杂的情感越强烈，就意味着他和母亲的共生程度越强，分离程度也就越差。

这种复杂而又奇怪的逻辑是一种心理防御机制，叫"反向形成"。简单来说，反向形成就是指你产生了一种情绪、情感，结果表现出来的却是相反的。

过度拯救

过度拯救指的是看到你有痛苦，我奋不顾身地扑上去拯救你，哪怕没有效果，哪怕会严重损耗自己，哪怕你不领情，哪怕我已经意识到这可能会导致你剥削我，但我就是控制不住自己继续帮你、拯救你。可以说，采取这种行动时明显会有你我不分的感觉，这其实是共生心理的一种表现。

这种现象很常见。例如，有一个孩子总是生病，后来在心理咨询中发现，他生病是有规律的。在这个孩子的家庭中，妈妈和爷爷奶奶的关系很紧张，而一旦家里发生剧烈争吵，他就会生病，而且每次都挺严重。他一生病，父母和爷爷奶奶就都得手忙脚乱地照顾他，而这时他们也就不争吵了。可即便如此，也不足以拯救这个家庭，过后他们还是会继续大战，直到妈妈和爷爷奶奶撕破脸，不再来往。后来，这个孩子生了重病，爷爷奶奶必须来看他，家里的关系因此出现了转机，得到了修复。

从家庭治疗的角度看，这个孩子就像是在通过不断生病的方式来拯救自己的家庭。家庭关系得到修复后，他也就不怎么生病了。我认为，这个孩子的行为表现其实来自他的全能感——孩子们总觉得自己该为家庭乃至家族负责，所以很容易做出过度拯救的事。

那么，大人该怎么做呢？当然是告诉孩子，"大人的事大人处理，你好好做一个孩子就行了，就算大人之间的关系出了问题，我们也都是爱你的，而且我们之间的争执也不是你导致的"。

但是，大多数人不会这么做。相反，他们会有意识地利用孩子。例如，一位女性在和丈夫大吵大闹后，常常对几个孩子说："你们怎么不快点儿长大，长大了就可以保护妈妈了。"然后有一天，她再次和丈夫争吵时，几个幼小的孩子齐刷刷地站在她面前要保护她。

因为妈妈最初和孩子有共生关系，所以这一招很容易奏效。但是，如果屡屡这样利用孩子，孩子就会陷入过度拯救的泥沼，不能直面真相。孩子潜意识里其实很反感被这样利用，被利用的程度越深，他们的反感程度也就越高。这种反感有时很难被意识到，可一旦被意识到了，他们就会因此而感到内疚。所以很多人会纳闷，他们明明对妈妈非常好，为什么心里却会对妈妈有那么强的内疚感呢？

除了内疚，陷入过度拯救的人还会产生"好人没好报"的糟糕感受。如果他们的拯救对象不是妈妈，而是其他人，那他们就会发现自己拯救的对象最后会鄙视、嫌弃、背弃他们，至少不会和他们变得亲密，他们会感到自己伤痕累累。

我觉得，陷入过度拯救的人需要认识到自己的内心其实是与之相反的——**你在多么强烈地过度拯救一个人，就在多么强烈地想要离开他。**

强大恐惧症

强大恐惧症是指一个人走向强大时，会莫名其妙地失败，或者犯一些低级错误。仔细分析下去，你会发现这是因为他的内心深处有这样一种逻辑：如果我变强大了，就会失去某些关系。

例如，我的一位男性来访者是个小有成就的企业家，他有一个很特别的问题，那就是虽然他有非常强的学习欲望，却一读书就会产生很强烈的心理不适感。对此，他有一些认识。他说，在他读初中和高中时，发生过很诡异的事，这应该是他不能读书的原因。

先来说初中。当时他考上了一所普通中学，成绩离重点中学的分数线只差一点点。上了一段时间后，有消息传来，说一所省重点中学空出了一个名额，问他愿不愿意去。这么好的事，他当然愿意去。但在去之前，他隐隐担心自己到了省重点会不会成绩很差。去了之后，他学习热情高涨，很快就在年级名列前茅了，这让他非常开心，也让他自信心爆棚，觉得自己就像在飞一样。

没过多久，他生病了，必须退学去住院治疗。几个月后，他身体康复，但为了保险，他不能再去那所离家很远的省重点中学了，只能在家附近的中学读书。

到了高中，同样的事情又发生了一次。他考上了一所普通高中，但有一所省重点高中空出了一个名额，让他去了。很快，他的成绩就可以在年级名列前茅了，他又体验到了飞一样的感觉。可接着，他的身体又出了同样的问题，然后住院，康复后就在家附近的普通高中读书。

这次轮回给他带来了巨大的影响，他觉得自己被诅咒了，他明明这么热爱读书，但老天似乎不让他好好读书。

在进行心理咨询时，我请他躺着，先花了一段时间让他进入放松状态，然后让他把当年的事情细致地说出来。在这个过程中，我使用了心理咨询的具体化技术，我必须搞清楚他话语中的细节，好去探究具体是什么意思，因为语言是非常容易含糊和产生歧义的。总的来说，我是想让他通过讲细节把当年的感受调动出来。

在我请他细致地讲述这个过程时，他惊讶地发现，在医院时，他内心其实是非常享受的，因为妈妈会亲自照顾他，这是他一生中和妈妈最亲密的时候，他太喜欢这种感觉了。

原来，他有一个比自己小一岁多的弟弟，这意味着他还在共生期时，妈妈就怀孕了，然后他和妈妈的联结就断了。弟弟出生后，他总是被要求让着弟弟，这让他觉得自己永远都争不过弟弟。只有在生病时，特别是这两次生重病时，他才能得到和妈妈亲密的机会。

我在咨询中经常听到这样的故事。可以说，小时候没和妈妈构建好共生关系的人，一直都在寻找和妈妈或其他人构建共生关系的机会。而让自己强大意味着要发展自己，这通常又意味着要远离家庭。这位来访者去省重点读书时，潜意识中就非常担心会不会因此彻底失去妈妈，所以他就会害怕强大。这就是强大恐惧症的根源。

成长安全岛

养育六个月到三十六个月大的孩子时，有这样一幅经典的图景：孩子在探索世界，但他们要有一个安全岛在。这个安全岛最好是母亲，也可以是其他孩子信得过的养育者。这样他们在探索世界时就可以不断回到安全岛，来和养育者分享自己的感受；而当他们受挫时，养育者也可以去帮助他们。

很多妈妈应该都有过这样的体验。有时你看到孩子在专注地玩玩具，觉得既然孩子这么专心，根本没有注意到我，那我就先离开吧。但你刚离开，孩子就号啕大哭，到处找你。

这其实是一个深刻的隐喻。发展自己就像激情的部分，安全岛则是安全感的部分。虽然我一直在强调分离的重要性，但也不能忽略分离的一个重要前提，那就是安全岛得到了保证。只有这样，孩子乃至成年人才能充满激情地探索世界。就像一句诗所说的：**"只有确保有人地可以降落时，一只飞鸟才能酣畅地在天空翱翔。"**

思考题

你在成长过程中，有没有过度讴歌、过度拯救或者强大恐惧症的体验？

06　意志诞生，发展出适应外部世界的能力

第二章讲到，六个月前的婴儿成功度过正常自闭期和正常共生期的标志是动力的诞生，也就是能发出自己的各种动力。而本章讲的处在分离与个体化期前三个亚阶段（大约六个月到二十四个月）的孩子，成功发展的标志可以说是意志的诞生。作为成年人，我们需要去审视自己有没有完成动力和意志的诞生。

动力的诞生vs.意志的诞生

你可能会困惑，动力的诞生和意志的诞生有什么区别吗？简单来说，动力的诞生是你能表达自己的动力，但未必会非常坚持；意志的诞生则意味着你能坚持这份表达，想让它彻底地、成功地表达出来。

以我自己为例。我是一个微博控，有时一天能发15条微博，各种声音都想表达。可以说，在表达观点这方面的动力上，我没有太大的障碍。但是，一旦在微博上遭遇严重的攻击，我就会删微博，这说明我的意志不太强，我不能在有外界干扰的情况下坚持自己的表达。所以，在意志的诞生这件事上，我的发展程度很一般。而且，我深深地知道自己删微博不都是因为明智，主要是因为怕事。所谓怕事，就

是当我的意志表达和别人的意志表达出现冲突时，我容易后退。

这种风格体现在我人生中的方方面面。例如，我特别好说话，这意味着别人的声音很容易占据我，而我失去了自己的声音。在公司里，虽然我是老板，代表了品牌形象，也是公司工作经验最丰富的咨询师，但我总是以商量的口吻和员工说话，难以雷厉风行地让大家贯彻我的意志。

我这是怎么回事？为什么会出现这种情况？主要有两个原因。第一，我认同了我的母亲。我的母亲可以说是一个"滥好人"，当和别人的意志发生冲突时，她很容易放弃自己的意志。第二，我的母亲有严重的抑郁症，虽然她从来不控制我，对我的需求也非常包容，但我不能索取太多，毕竟她太虚弱了。

本我、超我与意志

如果一个人的意志太强，就容易与他人起冲突，但很多人是因为害怕冲突，所以学会了掩饰自己的意志，从而获得一些空间。问题是，他们掩饰着掩饰着，就彻底忘记了自己的意志。

不过我觉得，多数情况下，一个人缺乏意志力的原因可以回溯到婴幼儿时期，特别是分离与个体化期。婴幼儿表达"不""我来"等意志时是得到了允许还是受到了打压，决定了他们之后能不能顺利表达自己的意志。如果一旦自己和孩子的意志出现冲突，养育者就会坚持不懈地打压孩子的意志，那孩子的意志就不能顺利诞生。但是，即便是被打压得很厉害的人，也会用各种方式去表达自己的意志、伸展空间。

例如，我的一位来访者是一位女士，她有严重的拖延症。每次来咨询，她都会跟我讲一个矛盾：过去一段时间，她希望自己是积极、高效的，但她就是颓废着、拖延着，似乎没有为克服这些问题做任何努力。

随着咨询的深入，她对拖延症的理解越来越深。在一次咨询中，她突然认识到，那个不断拖延的部分才是她真实的自己。她说，她妈妈在管教这件事上有强大的意志，最终是妈妈的意志占据了她的头脑和意识。当她想追求高效、有价值的生活时，其实是超我的追求。

弗洛伊德认为，人的人格由本我、自我和超我三部分组成。本我就是本能，指潜意识里的我，它由各种欲望组成，遵循的是享乐原则。自我负责处理现实世界的事情，大部分是有意识的。超我是人格中的管制者，代表着道德，遵循的是道德原则，有一部分也是有意识的。

如果把你面对世界的自我放在中间，那就可以把本我看成你"内在的小孩"，而把超我看成"内在的父母"。这样，本我和超我就变成了"内在的小孩"和"内在的父母"的关系。

具体到这位来访者，如果"内在妈妈"这一部分一直成功，她就会完全失去自我。相反，一直被她鄙视的严重拖延症，其实是她的"内在小孩"在说话。虽然这一部分让她在现实中受到了很多损失，但如果没有这个声音，她就会感觉自己的生命是毫无意义的。一个身体只能住下一个灵魂，如果妈妈的意志彻底占据了她的身体，她就会宁愿死去。

这位来访者真切地认识到了这一点，于是开始改变自己，努力表达并坚持自己的意志。

意志的诞生与外化

动力的诞生是指一个人能表达自己的生命力，意志的诞生则意味着一个人能持之以恒地表达自己的生命力，这会给人带来持续的滋养。

你一定见过能持之以恒地表达自己动力的人，也就是意志非常强的人。和他们相处起来，你可能很容易感到他们不好搞，觉得不舒服，但你同时会发现，这些人通常都有这样的特点：很有活力、很有主见、很有创造力、品味很好等。

我身边汇聚着一群这样的人。例如，我装修房子时，先是找了四家设计公司，请他们都出了方案，我也为这些方案付了钱，但我基本都不喜欢。后来，一位朋友向我介绍了一家新的装修公司。第一次见那位设计师时，我就知道她是一个很有主见的人，知道她会不好相处，但她一开始提供的设计方案我就非常喜欢，所以最终还是请了她。

事实证明，这位设计师真的没那么好相处。在装修期间，我们发生了很多小冲突，其中有几次她给我的感觉好像这里是她的空间，她珍爱自己的每一个想法，其他人都不能瞎指挥。但最终，装修结果实在是让我太满意了。

对于这种人，我一直都有所了解，我知道他们不好相处，但有才华。在公司招聘时，我也特别想多招一些这样有脾气、有激情、有强烈的自我意志的人。

"意志的诞生"是我自己的表达。如果用玛格丽特·马勒的理论来讲，六个月到二十四个月的孩子发展成功的标志是"外化"，意思是孩子成功地把注意力从内部世界转向了外部世界，还发展出了能适应外部世界的能力，而且是带着主体感的。这里的主体感，就是我讲的自我意志。相应地，这个阶段发展失败的标志是没能进入外部世界，还沉浸在自己和妈妈所构成的内部世界。

讲到这里，有必要说一说妈妈和爸爸的不同。对孩子来说，因为共生，因为曾经在妈妈的肚子里待过，所以孩子会把妈妈视为内部世界的一部分，而把爸爸视为外部世界。

这个道理还可以继续延伸。如果我们深爱一个人，例如自己的孩子和伴侣，那么最好的方式是做他们的容器，鼓励、支持他们用自己的方式展开自己独特的生命，让他们充分体验到他们的动力可以展开在这个世界上，他们可以坚持自己的意志。

当然，我也要澄清一下，这并不是说内向是不好的，外向就是好的。依照荣格等很多心理学家的理论，内向、外向只是一种人格维度而已，不分好坏。不过，假如养育者让孩子感受到"你不能按照自己的意志展开你的动力"，那就会造成额外的自闭、封闭，而这才是我一直讲的真正含义，即需要警惕因为发展受挫而导致的自我封闭的内向。

*

对孩子来说，在六个月前的心理发展过程中，不能伸展自己的动力，退缩在"脑补"中，这是一种失败；在六个月到二十四个月的心理发展中，不能在外部世界伸展自己的意志，退缩在内部世界中，这也是一种失败。

这就是成长的含义。**生命就像是一粒种子长成参天大树，或者一只鹰蛋蜕变成大鹰，这是一个不断展开的过程，也是自我逐步诞生的过程。**

思考题

你身边有没有敢于表达自我意志的人？你认为他们有什么优势和劣势？过度的自我意志表达会带来什么问题？

第四章
打造你的边界

经年累月,复制他人,我试图了解我自己。
内心深处,我不知何去何从。
无法看到,只听得我的名字被唤起。
就这样,我走到了外面。
——鲁米

引论 所有关系中都有边界问题

边界意识非常简单，就是"我是我，你是你，我们之间是有边界的"。具体一点就是，没有经过我的允许，你不能进入我的空间；同样，没有经过你的允许，我也不会进入你的空间。当然，这个边界不只是物理意义上的，它还包括地理边界、身体边界、心理边界、财产边界。本章会分别展开来讲。

边界意识是我们非常缺乏的一种东西，无论是在个人、家庭还是社会层面，都可以看到这种意识的匮乏。而这直接导致的一个后果是，大家仿佛都粘连在一起，所以我们的人际关系是黏稠的。关于这种黏稠，我已经在第一章进行了探讨。

不过，建立边界的确不是第一位的事情。最初，孩子都在自闭之壳中，他们必须经过与母亲的共生才能进入关系世界。可以说，关系才是第一位的。对于完全没有建立起关系的人来说，直接建立边界就像死亡，因为他们会觉得自己像被抛到了无人的荒野中。

活在共生期的婴儿是彻底没有边界的，他们觉得我就是妈妈，妈妈就是我；我就是万物，万物就是我。但到了六个月后的分离与个体化期，他们开始意识到自己和妈妈的身体是分离的，这是边界意识的开端。这时，他们拥有了一定的构建关系的能力，所以这也是构建边界意识的好机会。

作为养育者，如果没有意识到要尊重孩子的边界，而是不断从外部破壳，就会严重破坏孩子自我的形成与发展。但是，边界问题绝不仅仅是孩子与父母的问题。实际上，我们的亲密关系、职场关系、朋友关系都会涉及这个问题。

只有形成了明确的边界意识，你才能守住自己的边界和利益，同时也能尊重别人的边界和利益，而这两者结合在一起，就是健康人际关系的基础。此外，形成了明确的边界意识，你的人际关系和人生也会从黏稠浑浊转变为简单清爽的状态。毫不夸张地说，边界意识有时是保命的东西。因为如果你失去了自己的各种边界而不自知，你就是在鼓励别人继续入侵你，而最终的入侵，就是剥夺你的一切。

学完本章的内容，你就会知道如何建立起清晰的边界意识，如何跟别人更好地相处，以及如何在别人侵犯你的边界时保护好自己。

01 建立地理边界，你的地盘你做主

每个人都该有自己的"地盘"

前不久，我在朋友圈看到一篇文章，分析了我国各个民族的传统民居。简单读过一遍后，我发现我更喜欢少数民族的民居。我有些好奇，这种喜欢是怎么产生的呢？于是我又把文章仔细读了一遍，然后发现，原来是因为汉族民居一般是挤在一起的，比如围屋和碉楼，而我喜欢的民居是少数民族居住的那种，一户户之间是有距离的。

这让我联想到了多年前的一次经历。

2006年，我第一次出国，去了波兰。同行的人中有很多摄影爱好者，大家特别想拍农村风光，于是我们去了波兰古都克拉科夫市旁的一个农村。村外的农田和牧场很漂亮，但村里的房屋有些普通，甚至有些破败。不过，有一点给我留下了深刻的印象，那就是一户户之间都有相当的距离，房屋外面没有密实的围墙，只是用铁栏杆或木栅栏简单围一下，院里院外种的都是花。

这和我老家河北农村太不一样了。我们那儿的房屋是一户户紧挨着的，彼此之间一点距离都没有，甚至房顶都是连在一起的，你可以轻松地从房顶进入同排的任何一户人家。同时，家家都有高高的围墙。

这种一户户紧挨着的状态会使邻里间的关系变得紧张。例如，你家的围墙盖高了，你家树的树枝伸进了我家的院子等，很容易引起争执。如果一户户之间有足够远的距离，这种问题应该就会少很多。

不过，比起我的家乡，在珠江三角洲地区的农村，房屋紧挨着的情况更严重，那里的房子普遍是低层窄、高层宽，像是要变着法子把房屋盖到别人家的地盘。有朋友称之为"握手楼"，就是说两栋楼近得好像可以握手了。

这样紧挨着有一定的道理，例如经济上的考量、面积上的限制等。不过，我觉得还有更深刻的理由。

河北农村的房屋主要是平房，没有握手楼这种感觉，但农田的这种感觉很强。农田间的路窄得很不合理，因为每一家都在扩张自己家的地，把路给占了。例如，我家最主要的一块地挨着通向邻村的路，过去是可以过大马车的，现在却窄得只能过自行车了。

这样做就是为了占经济上的便宜吗？其实不是。我的理解是，虽然那点便宜没多少，但如果你占了而我没占，我就觉得自己输了，被欺负了，所以我也要占，还要比你占得多一点，这样才能显得我厉害。从小我就觉得，相比于利益上的争夺，这种心理上的争斗才是最重要的。

总结一下，**如果彼此之间有清晰的地理边界，大家就会尊重这个边界，这样虽然看上去距离远了，但其实大家关系更和谐**。如果像那些紧挨着的房屋一样，边界没了，虽然大家看上去更亲密了，但围绕边界产生的明争暗斗反而会更多。

其实，"地理边界"这个词不够直接，换成"地盘意识"就更容易理解了。现代社会，特别是在城市里，人最容易拥有的一块地盘就是房子。我认为，在现在这个缺乏边界意识的社会上，大家热衷于买房子，与农民想拥有一块土地一样，既是为了生存，也是为了拥有一块属于自己的地盘。

那问题来了，在你的地盘、你的房子里，你有边界意识吗？

家庭中的边界

我们知道，在美国许多地方，如果一个人闯进别人家里，主人让他走他不走的话，主人是可以向他开枪的，事后的法律判定也会倾向于保护主人。我觉得，美国社会的治安虽然有很多问题，但对地理边界的尊重和对个人产权的保护的确会让一些事情变得清晰很多。

我之前关注过一起医闹事件。一名男子攻击了一位正在出诊的医生，医生受伤后奋起反击，把该男子打伤了。警察到来后先带走了男子，后来要拘留医生时，医生不够配合，警察就行使了一定的强制手段。

这件事的处理看起来逻辑是没有问题的，医生不够配合，警方当然有合法行使强制手段的权力。但我认为，这里其实还可以多加入一层逻辑，那就是边界意识。原本的逻辑是医生和病人发生冲突，两人互相攻击，都有错，所以都得负责。但如果加入边界意识这个因素，就变成了这是医生的地盘，是救死扶伤的地方，闹事的人先侵犯了医生的边界，有错在先。

不过，在事不关己的新闻事件里能分清楚边界，不等于当边界问题延伸到自己身上时也能分得清。

例如，一个男人闯进你家攻击你和你的家人，你奋起反击，这是再正当不过的事了。这一点应该没有任何疑问。但是，如果是父母到了孩子家里，你觉得谁是主人？你可能会说，这是孩子的家，理应孩子是主人，父母是客人。有这种认识也许不难，然而，父母真的会甘于作为客人的角色吗？他们会不会在孩子的家里指手画脚呢？

再问男同胞们一个超重量级的问题：妈妈到了你家，她是客人还是主人？这个问题放在一些具体的家庭情境里，很多人恐怕就会觉得很难办了。但我认为，男人和婆婆都必须明白，在儿子的小家庭中，只有一个女主人，那就是儿子的伴侣、婆婆的儿媳。

根据我的了解，身边很多人离婚都是因为双方父母没摆正自己的位置，还想在孩子的小家庭中做主人，而且婆婆往往是其中最明显的一个因素。

这种现象和第一章讲到的共生心理紧密相关。虽然母亲和儿女都有共生，但在传统的社会文化中，人们通常会将已婚女儿的家视为别人家，而将已婚儿子的家视为自己家。于是，很多婆婆会觉得儿子家就是"我们家"，就是"我和儿子的家"，儿媳是外人。在有些小家庭中，哪怕儿媳的收入比儿子高，甚至房子都主要是儿媳出钱买的，侵略性太强的婆婆仍然会觉得这是"我和儿子的家"。

如果母亲和儿子的共生程度太高，母亲的控制感太强，那么一旦母亲住到儿子家，不出问题才怪。所以，**家人之间也应该有地理边界。尊重这个边界**，家庭关系就会清晰很多，家人之间也会好相处很多。

帮孩子建立地理边界意识

成年人是相对独立的，划定合理的地理边界很容易。可是，怎么给未成年的孩子划定一个合理的地理边界呢？其实也不难，只要做到以下两点：首先，父母要适当地保持在家里的权威，毕竟这是父母主导建设的空间；其次，父母要尊重孩子的地理空间。比如，进孩子房间时要敲门，或者给孩子一个可以上锁的抽屉，将那作为孩子神圣不可侵犯的空间，大人没有任何理由进入。同时，也要让孩子知道，他同样不可以随意侵犯父母的空间。

尊重孩子的地理空间意味着在给孩子一种感觉——你是自己地盘的主人。这有助于孩子形成边界意识，让孩子能在被入侵时捍卫自己的权益。如果父母经常入侵孩子的空间，孩子就有可能变得和父母一样，会随意入侵别人的空间，同时也可能没有好的自我保护意识，因为他们习惯了被父母入侵。

最后来看一个社会事件。在一家书店，一位少年正在大声朗诵，女店员上前制止时，少年大怒。虽然他还是个孩子，却说出了"信不信我抽你"这样恶劣的话。少年的父母有点不好意思，但还是解释说"他还是个孩子"。这样的"熊孩子"，我们在很多地方都能看到。而如果他们将这种做事风格一直持续下去，只怕人生不会顺利，因为人们会讨厌他们。讨厌的原因也很简单，就是他们在入侵别人的空间时毫不自知，缺少地理边界意识。

思考题

我常说，"如果在你的地盘，你却不能做主，你就是别人的殖民地"。那么，你是谁的殖民地？如何能重新夺回你的地盘？你又是谁的殖民者？你应该怎么把主权还给别人？

02　建立身体边界，学会干脆利落地说"不"

身体边界的意思是，建立起这种意识之后，你就能做到自己的身体自己做主。反之，如果没有建立起这种意识，身体就不能由自己做主，容易出问题。身体是灵魂的殿堂，而且一个身体只能住下一个灵魂。如果你的身体里住下了别人的灵魂，你的身体就会不认账，进而生病。

躯体化

躯体化是指，当一种情绪或情感不能通过语言和行为自由表达出来时，就会通过身体来表达。关于躯体化发生的过程，第二章已经进行过分析，但鉴于这个问题的重要性，我们还是来更详细地探讨一下。

举个我自己的例子。我左耳的听力有严重的问题，这是在中学时由一场疾病导致的。但是，当我知道"躯体化"这个概念时，我深深地赞同，觉得这太符合我的情况了。从小到大，我一直在听女性诉苦，先是听妈妈诉苦，后来恋爱时，又容易找有一肚子苦水的女人。我知道自己有多么不愿意听女人诉苦，但我花了很长时间才敢开口对妈妈和那些女人说，"别给我讲这些，我不想听"。

还有一类故事更常见。例如，一对老两口，一个很擅长表达情绪，攻击性也很强，结果到七八十岁时还耳聪目明、精神矍铄；另一个很压抑，极少表达情绪，结果上了年纪时耳聋眼花。这其中的逻辑是一样的：我不想听你发脾气，不想看你发脾气，可我表达不了，所以我很想把耳朵和眼睛的功能关了。久而久之，它们就真的无法正常运作了。

再来看一个我亲身经历过的案例。有一次我参加了一个培训课程，老师亨利·博亚（Heinrich Breuer）是欧洲系统排列学院的创始人之一，也是一位经验丰富的心理治疗专家。晚上吃饭时，一位女学员向亨利老师请教，说她父亲和她住在一起，但常常她一出门，父亲就生病，于是她不得不回去照顾父亲。这次又是这样，不过她已经大老远地来参加培训了，父亲在家也有人照顾，几经犹豫，她决定留下，暂时不回去。

亨利老师说，父亲一生病，你就回去照顾他，这样一来，他的愿望总是实现，这种现象被称作继发性获益。具体来说，继发性获益是指有些人生病后获得的特殊照顾和优待。病人通过患病获得好处，比如通过患病达到不上学、不上班、避免受到指责和批评、免除某种责任和义务、寻求别人的注意和同情等目的，这是他们应对心理、社会等方面的困难处境和满足自身需求的一种方式。这会导致病人"发明"大量的躯体化症状来达到继发性获益，而这种"发明"可能是在潜意识中形成的。

回到那位女学员的情况，父亲一生病，她就回到父亲身边，等于她鼓励了父亲生病。既然能通过生病让女儿留在身边照顾自己，那为什么不这么做呢？

当亨利老师说这些话时，这位女学员像是完全忽略了他的解释，还在继续吐苦水。这种感觉我很熟悉，很多来访者都会让我有这种感觉。有些来访者是因为太自恋而意识不到别人的存在，于是会忽略咨询师的声音。还有些来访者心智比较成熟，有能力意识到别人的存在，之所以会忽略咨询师的声音，是有特别的原因在。我觉得这位女学员属于后者。

于是我忍不住插话，对这位女学员说："不知道你有没有注意到，你忽略了亨利老师的话。"

听到我的提醒，她愣了一下，反思了一会儿说："好像是这样。"

我继续解释说："此时此刻，亨利老师作为男性权威，像是父亲，而你最不想理会的就是父亲的声音，所以刚才你忽略了他的声音。父亲太需要你了，你感觉自己被淹没了，想和他划出一个边界，但你不能主动、直接地表达出来，只能用被动的方式，例如忽略、听不进或遗忘他的声音来表达。"

这是我对这位女学员当时的表现做出的分析。我认为，这是一个比较典型的躯体化的案例。

保护抽象意义上的"我"

还有一类现象也非常常见，可能就曾经发生在你身上。比如，有人求你做一件事，你不愿意，但又不好说出真实理由，于是委婉地说："哎呀，对不起，我太累了，做不了。"然后，你很可能会发现自己真的变得很累，甚至可能干脆真的就生病了，这下变成了"不是我不想帮你做事，而是我的身体不行"。

在关系中，表达心理层面的"我"想拒绝"你"时，张力太大了，特别是当"你"太脆弱时。

关于这类现象，我也有一个观察。我喜欢看NBA（美国职业篮球联赛），不过我是那种不太懂篮球技术的伪球迷，我看的其实是篮球场上的人性。我发现，当球场上压力极大，特别是球队严重溃败时，一些心理承受能力差的球星就会出现严重的伤病。当然，这些伤病的发生一定有前因后果，但我认为这里有一个隐藏的表达——"不是我能力不行，而是我的身体不争气。"

我认为，之所以会这样，是因为虽然身体非常宝贵，但相对而言，我们更惧怕心理意义上的"我"不行或不好。所以很多时候，为了保护抽象意义上的心理的"我"，我们就会委屈、伤害身体层面的"我"。

没有形成自我的人，会惧怕每一个具体动力的死亡。更严重的是，社会中有很多人好像都没有形成自我，没有"里子"，只有"面子"。我们也知道，在东方社会，要给对方留面子，结果就变成了大家都难以干脆利落地说"不"，而是发展出了各种被动方式来拒绝，并美其名曰"委婉"。

对父母说"不"

前面讲的都是成年人的例子，接下来从养育孩子的角度来看看这个问题。

如果你想让孩子做自己身体的主人，就必须向他清晰地传递一个信息：你可以对爸爸妈妈说"不"。

有时候，孩子会拒绝发展一些能力。比如，你让孩子学钢琴，结果他的能力不升反降。对这种现象，有一种很好的解释，那就是当孩子不能说"我不想"时，他就会说"我不行"。久而久之，他忘了这是怎么发展而来的，也忘了自己真正的感受，于是就会真的变得在很多方面都不行。

再比如，打孩子就更不可取了。首先，无论出发点是什么，这都不能被称为"教育"；其次，当父母对孩子行使身体暴力时，无疑是在对孩子说"我可以侵犯你的身体"。实际上，父母不仅不能对孩子使用暴力，还要向他传递一个信息——你的身体是神圣不可侵犯的，父母不可以侵犯，别人更不可以。如果被侵犯，你可以使用各种方式保护自己，必要时甚至可以使用暴力。

*

这一节一直在探讨为什么必须守住身体边界，以及身体边界对一个人的重要意义。那么，如果已经发生了没能守住边界的情况，该怎么办呢？每个人的情况不同，所以我很难给出一个统一的方案。但是，如果你发现由于你不会保护自己的身体而出现了躯体化的问题，那么你可以好好对自己的身体说这样一段话：

> 过去我虚弱时，谢谢你，身体，你一直在帮我承担情绪上的痛苦。现在我发誓，不管情绪上的挑战有多大，我都会努力觉知我的情绪，并努力在关系中表达出来，我再也不想让你受这份苦了。

简单地说，**守住身体的边界有一个总的原则，那就是积极地在关系中表达"我愿意"和"我不愿意"。**

思考题

有一些非常重视高考升学率的学校采取军事化管理，对学生的学习、生活有非常严格的规定。我注意到其中有一个很特别的现象，那就是在早上跑操时，有一所学校要求学生们挨得紧紧的，几乎可以说是前胸贴后背。而且，据说这种方式正在被很多学校模仿。

请你用本节的内容分析一下，这样做是为什么？这真的能提高学生们的高考成绩吗？如果能，又是为什么？

03　建立心理边界，不再总想去改变别人

心理边界就是你和他人不同的心理状态。拥有清晰的心理边界，意味着你的心理状态是你的，别人的心理状态是别人的，你们之间有边界；你关于对方的感知、想象和判断是你的，只有得到很强的佐证，才有可能确认是对方的。

隐私感

说到心理边界，你可能会很容易想到"隐私"这个词。没错，隐私感是最简单的心理边界。

有些人非常缺乏对彼此隐私的尊重，比如过年回家，长辈们总是喜欢打探晚辈的收入情况和恋爱状态等，这就是缺乏边界意识的一种表现。如果一个人特别爱窥探别人的隐私，就意味着他在跨越对方的心理边界。

除了因为好奇，人们喜欢越过他人心理边界的另一个重要原因是，他们有时会过度美化坦诚的价值。的确，坦诚能让人与人之间的交流更顺畅，让彼此更信任。但很多人没有意识到，过度坦诚意味着一个人彻底放弃了自己的心理边界，让自己处于一种看起来毫无隐私

的状态。而这恐怕就违背了坦诚的初衷。

"我"毫无保留地向"你"呈现一切，这本质上是一种臣服。只有当你设立了清晰的心理边界，向对方隐藏起你的隐私时，你才能成为一个自主的人，而不是臣服者；在和别人打交道时，你才是成年人。曾奇峰说"没有秘密，孩子就不会长大"，表达的就是这个意思——**如果一个孩子一直对父母彻底敞开心扉，没有隐私，就意味着他还不是一个自主的人。**

当然，我们通常不会彻底丧失隐私感。即使是一个坦诚的人，也知道我和你之间是有边界的。不过，如果把缺乏隐私感的情况推到一个极端，问题就会变得很严重。可是，完全丧失隐私感究竟有什么表现呢？

彻底丧失隐私感的一个表现是透明幻觉很严重。这些人认为，我们都是透明的，根本不用沟通，一眼望去就能知道彼此是怎么想的。关于透明幻觉，在第一章有过具体的探讨，这里就不再赘述了。还有一种情况比透明幻觉更严重，也是精神疾病的一种症状，叫"被洞悉感"。有这种病症的人会认为，有一种神明的力量可以洞悉他的一切想法。这意味着他的心理边界彻底消失了，他的自我彻底瓦解了。

谁的感受谁负责

隐私感只是心理边界的一部分，下面这种边界你未必能接受，叫"谁的感受谁负责"。其中，有强烈的受害者情结的人最难接受这一点。他们会认为，我的痛苦感受是你这个坏人导致的，你要为我的感受负责。但是，为什么你会选择和这个让你感受不好的人在一起？为什么不离开他？因为你从中获得了一些感受层面的好处，只是你没有认识到或不想承认。

无论是地理边界、身体边界还是心理边界，我们去突破它时几乎都有一个共同的目标，那就是从这份突破中获得好处，其中最大的一个好处就是维护自己的自恋。

下面来看一下我一位朋友的案例。这位朋友是我们通常认为的那种女强人，她和老公开了一家公司，自己能量十足，有很强的驱动力和绝不妥协的意志，公司和家里都是她说了算。

从某一天开始，她怀疑老公和公司里的一个女孩有暧昧，然后她开始闹。老公早就被她的强势驯服了，所以第一时间就完全配合她。配合的方式包括解雇那个女孩，手机让她随便查，电子邮件、各种App的密码等一切都向她敞开。

这位朋友没有找到任何证据，可她还是相信自己的判断。于是，老公干脆对她说："你请一个私家侦探吧。"

她犹豫了一下，没有这么做，而是继续闹。就这样持续了一年多，老公和她都已经精疲力竭了。最后她对老公说："你就承认你和她有暧昧吧，你承认一下就好，我不会拿你怎么样的。"

她说得非常诚恳，但她老公感觉事情没那么简单，担心她以后会拿这个继续闹，所以没配合她。

这位女强人的心态其实有点像嫉妒妄想，就是找一个原因去嫉妒，虽然没有任何证据。这里我必须强调一下，如果这种模式转换一下性别，后果可能会更可怕。有嫉妒妄想的男性通常会逼伴侣承认自己在外面有人，如果伴侣不承认，他很可能就会使用暴力；如果伴侣迫于暴力承认了，他则很可能会继续施暴。事后，他又会跪下来痛哭流涕，请求原谅，并发誓再也不会使用暴力。但这种人发誓根本没有用，以后还会一次次地轮回。其实这就是严重的心理边界不清，因为正常人会知道，这只是我的想法或推断，没有"实锤"前不能当作事实来看待。

回到这位女强人的案例。在给她谈话时，我问她："在你没有证据、老公完全配合，还建议你找私家侦探的情况下，你为什么还要他承认自己犯了错误呢？"她说不出来为什么。

我解释说："你就是为了证明你是对的。如果你老公真出轨了，你会难受。但比起这份难受，还有另一种痛苦你不愿意面对，那就是你可能错了。你老公是对的，你需要向老公道歉，承认你错怪了他。如果承认这些，你一直以来强大的自恋就会崩溃瓦解。"

自恋是人的根本本性，从小婴儿到成熟的个体，人要从全能自恋发展到健康自恋，从认为自己是神发展到认为自己基本还可以。但如果一个人在婴幼儿时期没有发展好，导致他一直严重滞留在带着全能感的自恋中，那这种自恋就太难被打破了。这时，人们去破坏心理边界常常是为了将某种问题归咎于别人，例如把"我是坏的""我是错的"变成"你是坏的""你是错的"。这位女强人就是一个典型的案例。

一个成熟的个体要懂得谁的感受谁负责。当一份关系或一件事令人不舒服时，如果持有"我的痛苦我负责"的想法，人就比较容易有动力去改变；而如果持有"我的痛苦你负责"的想法，人就会总想着去改变对方。

心理边界与创造力

良好的心理边界能让我们在与别人相处时保留自主的权力,也能让我们在坏情绪来临时拥有主动改变的能力。

此外,良好的心理边界还能让我们拥有更好的创造力和想象力。因为当你没有心理边界感时,你会觉得你的想象是不自由的,你会觉得有一双眼睛,而且是一双苛刻的眼睛在盯着你,让你不敢有出格的想象,于是难以发展出丰富的想象力,最终创造力也会受损。心理边界等于为你创造了一个空间,去容纳你纯粹的想象。有了这个空间,你就能控制好自己的想象力,不会让想象发展成真实的行为。

前面讲过,按弗洛伊德的理论,人在三岁以后会产生俄狄浦斯情结,男孩想和爸爸争夺妈妈的爱,女孩想和妈妈争夺爸爸的爱。俄狄浦斯情结注定只能停留在想象中,不能变成现实。不过,如果一个人没建立好心理边界,就会完全无法容纳俄狄浦斯情结,也就是几乎完全不允许它在想象中出现。

所以我有一种说法:在想象的世界里,人可以拥有一切自由,你把那些最出格的想象留在想象空间就可以,它不等于要变成行为。像心理咨询,特别是精神分析,最重要的部分其实就是在一个被保护的、稳定的心理边界内探寻来访者的想象。

相对于地理边界和身体边界,心理边界更高级。不过一般来说,都是因为低级的心理过程得到了非常好的实现,然后它们内化到人的心灵,进而变成了更高级的心理过程。所以,如果你想有更好的心理边界,或者想让你的孩子有很好的心理边界,以便发展他的想象力和创造力,那就先保护好自己或者孩子的地理边界和身体边界吧。

思考题

你一定看过不少美剧，比如《权力的游戏》等，为什么它们这么有吸引力？你能从心理边界的角度分析一下吗？

04 建立财产边界，构筑保护心理的一道防线

边界意识里的最后一个边界是财产边界。你可能会想，财产这种明显属于身外之物的东西，为什么也会对心理有重要影响？这是因为我们始终处在关系之中，难免会和他人发生利益关系，而对利益边界的处理，会对我们的内心产生各种影响。

家庭中的财产边界

有很多社会新闻事件都与财产边界有关。例如，2018年，沈阳有一名男子跳河自杀。他是一位司机，收入并不高。但是他的哥哥好赌，他就用自己14万元的积蓄帮哥哥还清了赌债，可哥哥又透支了5万元并输光，于是他只好卖车再帮哥哥还钱。可是，每个月的房贷本身就给他带来了很大的压力。这些压力加在一起，让他一时想不开，自杀了。

在我看来，这些事确实难办，但如果这名男子能有清晰的财产边界意识，或许就可以避免惨剧的发生。

在一个特别重视家人和家庭的社会中，想要有清晰的财产边界意识并不容易。但你得明白，你的财产是你的，而不是"我们"的。一

旦觉得你的财产是"我们"的,就必然会出很多问题。例如,你可能会失去上进的动力。

在做心理咨询的过程中,我听很多来访者说过类似的情况。从小父母就对他们说:"咱家就你最出息,以后就靠你了。"这种说法会迅速带给他们很大的压力。他们会非常惧怕以后发展好了,真的得背上全家人一起前行。如果真的会这样,那他们宁愿不要发展得太好。

我在思考这个问题时发现,**对于不能捍卫自己边界的人来说,自卑竟然成了一种保护**。因为如果不自卑,坦然承认自己的强大,他们就得承担更多的责任;如果自卑,把自己认为的能力降到真实能力水平以下,他们就有了一个借口——不是我不想背负太多责任,而是我没有这个能力。

职业关系中的财产边界

先来说一说我最熟悉的职业关系,也就是咨询师和来访者的关系。你认为他们是什么关系?

我想很多人会认为这是一种帮助与被帮助的关系。这当然没错,但同时你也必须看到,咨询关系也是一种交易关系,来访者付出金钱,购买咨询师的专业服务。

在心理咨询的工作中,特别重视"咨询设置",也就是咨询师与来访者的契约。例如,如果一位来访者和咨询师约好,每周日下午两点到三点是他们的咨询时间,那么这个时间和相应的价格就要保持固定。条件好一些的资深咨询师,甚至会把咨询的房间也固定下来。

如果来访者确实遇到了特殊情况,需要变动,该怎么办?首先以契约为准，其次才是根据特殊情况进行协商。关于如何处理咨询关系中的财产边界，非常考验咨询师的专业功底和在处理利益问题上的成熟度。

很多咨询师容易在金钱上向来访者让步。例如，有些来访者收入不高，或者临时遇到了困难，于是咨询师主动降低费用；也有少数情况是来访者谎报自己的情况，明明收入还不错，却把自己说得非常可怜，试图说服咨询师为他降低咨询费，这就构成了对咨询师的剥削。实际上，在给来访者减价甚至是免费这件事上，资深的咨询师是非常谨慎的，因为这涉及边界的晃动。

咨询的根本目的是帮助来访者成长，让他们走向成熟与强大。但如果咨询师给来访者减价甚至是免费，就可能向他们传递了一个相反的信息，就是在鼓励他们变得弱小——你越弱小，我越愿意帮你，越喜欢你，和你的关系也越深。

来访者还会有这样的感觉：如果我收入高了却还维持这种咨询费，就是对不起咨询师；但如果咨询费恢复了原价，我就失去了在咨询师这里的一份特别感——为我减价显示了他重视我。总之，为了维护这种感觉，来访者可能会下意识地不去努力提高自己的收入。

此外，咨询师这里还可能隐藏着一个含义：我比你强大。来访者会因此体验到虚弱感和羞耻感，甚至会在潜意识里对咨询师产生憎恨。同时，如果咨询师太轻易地让渡自己的利益，也是在教来访者剥削自己，会导致来访者轻视自己。

再来看另一种比较特殊的职业关系，也就是雇主和保姆的关系。保姆虽然跟雇主是雇佣关系，却需要跟雇主生活、居住在一起。在这种微妙的关系中，更要注意财产边界问题。

我们都知道杭州保姆纵火案。保姆在雇主家纵火，导致女主人和三个孩子不幸身亡。一个家庭就这样被毁掉了。是这家人对保姆不好，引起了她的仇恨和报复吗？还真不是。保姆月薪7500元，要买房子时，雇主还借了钱给她。后来发现她有偷东西的行为时，雇主虽然报了警，但还让她在家里住着，给她改过自新的机会。

在我看来，这家人对保姆太好了，好到让她失去了边界，特别是财产边界。月薪7500元不是问题，哪怕月薪更高也没问题，但借钱给她就是在破坏财产边界，会让她误以为自己借钱的行为是正当的——"我付出了这么多，你们就应该借钱给我。"

再举个我朋友的例子。他也请了一位全职保姆，那位保姆干活认真，人也善良，朋友很信任她，所以多次借钱给她，也没把借钱的事儿放在心上。毕竟，我朋友的收入很不错，这点钱对他来说不算什么，而且他对这位保姆的确很满意，打心眼儿里把她当成家人对待。

逐渐地，这位保姆也把自己当成这个家里的一员了，在家里特别有主人翁的感觉。慢慢地，她的行为发生了一系列微妙的变化，比如干活不再那么细致了，开始偷懒了。可是，我朋友不是挑剔的人，觉得这没什么大问题。

再后来，这位保姆提出要跟我朋友借几十万元买房子。朋友很诧异，不知道她怎么会提出这么离谱的要求，就拒绝了她。被拒绝后，保姆就抱怨说："你收入那么高，几十万不算什么呀。"虽然她的情绪不算激烈，但我朋友一下子就警醒了，觉得事情不大对，然后果断辞退了她。

后来和我说起这件事时，我朋友说这位保姆最初是非常好的，也很尊重彼此的边界，是他自己一再突破边界，"诱导"保姆提出了很多出格的要求。他说，如果能重新开始，他会严格遵守财产边界，借钱就是借钱，必须还，同时也会在工作上对她严格要求。如果想对保姆好，可以提高她的工资，这样得来的钱，她拿得也有尊严。总之，凡事都必须按照规则来。

利益关系中的"共生感"

听完这位朋友的故事后，我跟他解释了一遍"共生"的概念，他很有感触，说把保姆当成一家人的感觉就是共生，但不应该这样。雇主和保姆之间就应该是雇佣关系，而且因为这份职业的特殊性，保姆会深度介入雇主的生活，所以更要时刻让保姆意识到这是雇主的家、雇主的财产，不是"我们"的，更不是保姆个人的。

咨询师和来访者、雇主和保姆，是两种相对特殊的职业关系。咨询师和来访者是长期固定的帮扶关系，但彼此之间又有金钱交易；雇主和保姆之间看似只有金钱交易，但保姆会深度介入雇主的生活。正是因为这些特殊性，其中的财产边界问题才会更显而易见。看懂了这些，你就能更容易理解其他职业关系中的财产边界问题了。

例如，同事之间请客吃饭，谁买单？老板过生日，你要不要以个人名义送礼物？想拿下的一位大客户要求你帮他办私事，你该不该帮？你可以想想遇到这些问题该怎么办。

但总的来说，不管是在家庭里，还是在职业环境里，都不要轻易给别人共生感，更不要在金钱利益上真的让对方觉得你们是一体的。否则，等你有一天觉得不对劲儿，想从"我们"退回到"我"和"你"时，对方就会有怨气。不夸张地说，清晰的财产边界意识有时是可以用来保命的。

财产必须是有边界的，只有当这一点被充分尊重并得到保障时，人才会有动力去创造更多的财富。所以我强烈建议，不管在什么方面，都不要着急让渡自己的利益，不要用这种方式展示自己的助人胸怀。

我甚至还很毒舌地讲过一句话："**成熟的人讲利益，幼稚的人讲情怀。**"这句话曾经受到了很多批评和嘲讽，不过我自己却越来越坚持。毕竟，处理利益关系不正是这个世界上最难也最关键的事吗？最好的政治家和企业家不都是能处理利益关系的顶级高手吗？

思考题

你如何看待利益关系？你对财产的边界是如何划定的？

05　当他人侵犯你的边界时，该如何防御

边界非常重要，但不可避免地，总有人会想突破你的边界，甚至已经有人占据了你的地盘。那到底该怎么守住自己的边界呢？这一节就来讲几个有效的防御性手段。

不含敌意的坚决

"不含敌意的坚决"是由自体心理学创始人科胡特提出的，意思是我拒绝你，态度特别坚决，可我没有敌意。这是树立边界意识最好的方式，不过，最好的方式有时只是看着容易，做起来可能很难。

举一个我自己的例子。读研究生时，妈妈就开始对我逼婚，而我初中时就有了明确的想法，那就是有爱情才结婚，并且早早地坚定了丁克主义的想法。可我妈妈是一个观念传统的农村老太太，那该怎么办？

这个问题我身边也有朋友遇到过，他们的做法通常是在口头上答应妈妈，但行为上拖着，结果就变成了不敢回家，整天躲着妈妈。我觉得我不能这样，我必须和妈妈谈一次，让她知道我的想法是什么，并且让她知道我不会改变。可那是我妈妈，我又不想让她生气，这该

怎么办呢？

当时我还不知道科胡特的这个术语，但我本能地使用了这一原则。有一次回家前，我对有关恋爱、结婚、成家的事情进行了充分的思考，决定回家待一周和妈妈敞开谈一谈。

刚开始的那两天，妈妈很开心，因为她发现我终于愿意谈这个话题了。不过，她的高兴中其实藏着一个前提——她认为自己的想法是合理的，并且能说服我。

可是，在谈话的过程中，我并没有让步，而是不断向她阐述我的观点，她也感受到了我的坚持。过了三四天后，她谈话的热情就没之前那么高了。这很容易理解，毕竟谁也不愿意输，但我态度又很好，所以妈妈也没有生我的气。

到了最后两天，妈妈开始躲着我了，她开始害怕和我沟通。后来，她再也没有在结婚生子这件事上强求过我什么。现在我四十多岁，没有结婚，没生孩子，但活得越来越好，她对我也就没什么不放心的了。

我这个故事是非常典型的不含敌意的坚决，我到处讲，教会了不少人这个方法。很多人说非常好用，但也有人说不管用。这又是为什么呢？因为我妈妈不是我的"宗主国"，我也不是她的"殖民地"。她从来没有打骂过我，我们交涉起来自然就容易很多。然而，现实中很多人还处于"殖民地"的位置，他人觉得可以支配你，自然也就不愿意轻易放弃自己的权益。在这种情况下，你要会战斗才行。所以接下来，我就教给你更多技巧，它们一个比一个有战斗力。

从小事开始拒绝

维护边界，特别是亲人之间的边界，可以从小事开始拒绝。

一切共生关系中都必然存在着剥削。精神分析理论认为，一岁前婴儿和妈妈的关系就是剥削与被剥削的关系。当然，正常的母婴关系必然是婴儿剥削妈妈。但如果发展成病态共生关系，大多就会变成强有力的一方剥削虚弱的一方。

如果亲子或伴侣关系间存在着严重的剥削，而你又不想断绝这份关系，那你可以从小事开始拒绝。

我的一位女性读者分享过她的一个故事。有一天她要加班，于是给妈妈打电话说晚饭别等她了。可是，等她 8 点多加班结束回家后，她发现妈妈、丈夫和孩子都没吃饭，都在等她。那时，她有非常强烈的被绑架的感觉，她觉得妈妈潜意识中想用这种方式逼她就范，让她以后早点回家。所以，她对妈妈说："我今晚不吃饭了，以后再有这种情况我也不吃。"她树立界限的努力奏效了，后来这种事再也没有发生过。

吃饭这件事虽然很小，但我的很多来访者和朋友都试过从吃饭这种看起来很小却又每天都在发生的事情开始，坚决地表达并维护自己的意志。

例如，有朋友想自己盛饭，这样他可以把握盛多少，可每次妈妈都抢先给他盛好，而且一定会盛很多。他决定改变这件事，而他的做法是，如果妈妈帮他盛了，他会说"谢谢"，但一定会把饭从碗里去掉一些。少数时候，他还会把饭倒回锅里，然后再自己盛。大多数时候，妈妈都没有什么情绪，但也有时会失控质问他。遇到这种情况，他就会耐心地对妈妈说："我就是想自己盛，这样可以把握到底吃多少。"这样坚持了一段时间后，妈妈最终接受了他的做法。然后他发现，妈妈对他在其他事情上的控制也明显少了很多。

所以，从小事开始坚决表达自己的意志，是一个维护边界的好办法。

尊重事实，驳回情绪

从小事着手的方法一般适用于关系亲密的人之间。但如果是跟关系一般的人，甚至是跟陌生人，而你又特别不擅长争辩，那该怎么守住自己的边界呢？方法就是尊重事实，驳回情绪，这也是沟通中的重要原则。

我们在讲话时会传递两层信息，即事实层面的信息和情绪层面的信息。不知道讲事实的人就是只会胡搅蛮缠的人，和他们吵架，你只要冷静一点，抓着他们谈事实就可以了。如果还有旁观者，那吵赢他们就会更容易。所以，但凡是脑子比较清楚的人，都知道要讲事实，然后在讲事实的时候把自己的情绪传递出去，投给对方。

如果对方传递过来的情绪是好的，你愿意接受，那不妨接过来，让它流动。但如果你感觉对方传递过来的是情绪垃圾，而你并不想容纳这种情绪，那就该驳回去。

例如，我的一位好友大学刚毕业时找的第一份工作是给一位老板做秘书。有一天，老板跷着二郎腿，突然轻飘飘地扔出了一句话："我一天挣的比你一年挣的都多。"我朋友愣了一下，觉得莫名其妙，然后扔了一句话回去："是啊，你说的对，我一辈子可能都挣不了你一年挣的钱，可是你很累啊，我不想过你这样的生活。"她这就是对事实给予了承认，而把垃圾情绪驳了回去。

非常有意思的是，之后这位老板改变了对她的态度，对她表现得非常尊重。这份尊重是她自己挣来的，因为她捍卫了自己的心理边界——虽然你是老板，但也别想把你的情绪垃圾扔到我这儿来。

很多人会认为，那是老板啊，是不是应该讨好一下？但事实上，如果你把他的情绪吃进去，就意味着你在屈从于他，而这就鼓励了他以后继续鄙视你。我知道很多例子，哪怕是面对很不好惹的权威，只要能这样和他们沟通，就能获得尊重。相反，即使你是权威的一方，如果总是吃别人的垃圾情绪，你也会逐渐丧失权威。

这是我的事，那是你的事

如果有人想破坏你的边界，就告诉他"这是我的事，和你无关"；如果他想把你拉进他的边界而你不愿意，就告诉他"那是你的事"。

这里我要特别推荐一下《不要用爱控制我》这本书。作者帕萃丝·埃文斯（Patricia Evans）在书中讲了一个自己的故事。

有一次，她讲完课坐着休息，突然听到一个声音在对她说"笑一下"。她一开始以为那不是在和她说话，就没理会。结果，那个声音再次响起，她抬头一看，发现那是一位听众，应该是在用这种方式和她打招呼。可是，她很不喜欢这种方式，觉得这是在教她怎么做，是一种经典的控制方式。所以，她给出的反应是："什么？"

当那个人再次说"笑一下"，而她再次问"什么"时，那个人可能感受到了自己刚刚的行为很冒犯，就主动离开了。

*

总结一下，如果有人想侵入你的边界，或者想拉你进入他的边界，你可以采用以下四种防御性手段：

1. 不含敌意的坚决；
2. 从小事开始拒绝；
3. 尊重事实，驳回情绪；
4. 这是我的事，那是你的事。

思考题

本节讲的是我总结的维护边界的防御性手段，你在这方面有什么成功的做法，让你既能不破坏关系，又能守住边界吗？

06　当你的边界被打破时，该如何反击

上一节讲了守护边界的防御性手段，这一节来讲讲守住边界的进攻性手段。先来明确一下什么时候防御，什么时候进攻。当一个人总用一种方式对待你，而且即使你使用了防御性手段也不能完全杜绝时，使用一些进攻性的手段就非常必要了。

直击命门

我认为，直击命门是处理中国式家庭关系中边界问题的一个大招。

直击命门就是直接、清晰地告诉对方你的想法。例如，"你把事情说得那么复杂，不就是为了一个目的？让我听你的，按照你的来？但是，我为什么要听你的？"

沉溺于共生关系的人都在试图控制对方，让对方听自己的，按照自己的意志来。但一般情况下，人们都不会直接说"你必须听我的"。大家都知道，要给自己不那么正确的权力欲望增加一些正确的"名义"，这些"名义"有很多种表现，比如：

- "我这么爱你,你为什么不听我的?"
- "我这么辛苦,你为什么不听我的?"
- "我这么无助,你为什么不听我的?"
- "我是你爸妈,你就得听我的。"
- "我身体不好,你不能惹我生气,你必须听我的。"
- "我见识比你多,你要听我的。"

……

所以,如果你发现对方说来说去,就是想让你按照他的意志来,那你可以不去做复杂的辩论,而是直接讲明白:"你不就是想让我听你的吗?但你是你,我是我,我为什么要听你的?"

在生活里,有时我们要花非常大的力气去争辩一个道理,因为这里面藏着一个逻辑:谁有道理,就得听谁的。所以,不仅控制的一方在不断讲道理,被控制的一方也会使劲讲道理。很多人认为,只要把符合自己利益的观点讲得很有道理,就可以让对方听自己的了。但有边界意识的人都知道,我是我,你是你,如果纯粹是我自己的事,不管你有没有道理,我都没必要跟你争辩。

举个例子,在恋爱关系中,很多人会因为一点小事不如意,就把它上升到"你到底爱不爱我"的终极拷问上。其实,在这种对话中,爱只是一个幌子,根本点还是你必须听我的,必须按照我的意志来满足我的自恋。所以,他们不是在问"你爱不爱我",而是在问"你听我的还是不听我的"。

我身边有很多女性对我说过,不少女孩最初恋爱时都抱着这么一种感觉:你爱我就得听我的。发展到极致,这会变成要找"二十四孝"男友或者老公。

为了避免争执和矛盾，有些男性会主动讨好女性，迎合她们。但我要说出一个残酷的事实：**恋爱中，越是听对方的话，可能越不容易赢得对方的爱，因为我们需要的是能击破自己自恋的人。**虽然有点残酷，但人就是这样的。如果你无条件地听对方的，对方就会觉得你只是他自身的一部分，然后反而会觉得很孤独，因为他要寻找的是另一个完整的人。所以，当你戳破了对方的自恋，就等于告诉对方：我是一个完整的人。这时，对方反而会有真切的遇到你的感觉。

让对方疼

如果前面讲的都行不通，就需要使出具有破坏性的一招了——让他疼。

攻击性有一个重要功能，就是直接树立界限。你入侵我的界限时，我发挥自己的攻击性让你疼，告诉你这是我的地盘，我不是你可以随意入侵的人，我不是你想怎样就怎样的。这种疼可能是心理上的疼，也可能是身体上的疼。

我的一位来访者说，她的妈妈已经快80岁了，前两年来到了广州和她一起生活。妈妈在家里是说一不二的，在她还小的时候，如果不听话，妈妈对她非打即骂。她长大了一些后，如果不听话，妈妈就会使劲闹，闹得全家鸡犬不宁。于是，孩子们和爸爸一起达成了一个共识——别惹她。例如，关于怎么在垃圾桶上套塑料袋，妈妈就有自己的一套做法，并逼迫所有家人都按照她的做法来。

这次妈妈来了她的地盘后，不知为何，她产生了一种执着的念头,那就是要反过来教妈妈该怎么在垃圾桶上套塑料袋。开始的时候,她一教妈妈,妈妈要么暴怒,要么痛哭,有时甚至会躺在床上说"你气死我了,我不想活了"。

爸爸劝她别和妈妈闹,因为妈妈身体不好,而且一辈子都这么不好惹,就别招惹她了。作为咨询师,我虽然也不是很明白她到底在干吗,甚至有些许不安,但这毕竟只是我的个人感受,而且精神分析取向的咨询师通常也不会给来访者提建议,所以我只是和她探讨她这是怎么了,并不会去给她提建议。

围绕着垃圾桶的事,她跟妈妈争斗了三个月。突然有一天,妈妈能用幽默的方式驳斥她了。

这是很有意思的部分,她的感觉是,妈妈的内心也变得坚固了,不再一被挑战就崩溃了。然后,她也不再强求妈妈按她的方式给垃圾桶套塑料袋了。

针对这件事,我的总结是,这位来访者用三个月的时间让妈妈疼,让妈妈知道了这个家不是她想怎样就怎样的,每个人都有自己的想法,不会都按照她的想法来。如果她非要入侵别人的界限,别人就会让她疼。

这份疼痛让她意识到,自己的孩子也是独立的人,不是她自身的一部分,她们之间是有边界的。此前,她脆弱是因为她觉得别人就该听她的,而当别人不听她的时,她就会很痛苦,这是没有边界的表现。但当她懂得即便是家人也不是她自身的一部分,也会不如她所愿后,她变结实了,因为她有了一些边界意识。

反击霸凌

最后再来谈一种比较特殊的情况，那就是面对霸凌，我们应该怎么做。这里的霸凌不仅仅是校园霸凌，也包括亲人之间的霸凌。

当有人闯进你的地理边界，而你一再让他离开却最终失败，那你得知道这是霸凌，你需要用更强有力的方式请他离开。当有人在身体上霸凌你，你需要在身体上发起反击，如果做不到，就需要找人来帮你。当有人在心理上霸凌你，你需要在心理上发起反击。当有人在金钱上霸凌你，同样，你需要回击他。

在做心理咨询时，我遇到过很多来访者的孩子都曾在学校受到霸凌。基本上，这些家长都有一些行为上的共性，我将其分成了两类：第一，他们根本不会使用肢体力量保护自己，也难以使用语言暴力回击别人，而他们的孩子也认同了这样的方式；第二，他们经常攻击孩子，不允许孩子还击。

对于后一种家长，他们要迈出的第一步很困难，就是承认自己是孩子的霸凌者。当他们承认了这一点，并向孩子道歉后，孩子很快就会发生一些改变。

对于前一种家长，他们需要意识到，他们认为的善良其实是软弱。他们把自我保护视为错误的，但其实是他们的经历让他们不敢使用身体和语言暴力，因为他们担心这样做会招致更严重的惩罚。当意识到所谓的善良其实是软弱后，他们就可以教孩子如何使用"让他疼"的方式保护自己。当孩子做不到时，他们必须出面保护孩子。

家人间也是这样的。例如，我的一位来访者在刚来咨询时有严重的产后抑郁症。我处理过不少类似的个案，发现她们基本都有一个严重的问题，就是在家里没有权力，不会保护自己，于是会受到很多剥削并被欺负。这位来访者就非常典型，虽然她生了一个儿子，但在家里，她是最没有地位的——婆婆地位最高，其次是老公，之后是老公的家人，而在老公的家人中，地位最低的是公公；在这些人之后，先是孩子，而她是最后一位。

不过，随着咨询的不断进展，她的自我越来越有力量，越来越能保护自己了。后来，她把公婆从家里请走，并多次向老公的家人强调："你们到我家里来，必须知道我才是主人，你们是客人。搞不明白这一点，我家就不欢迎你们。"

对老公，她也越来越能显露真实的脾气，甚至变得有点儿不好相处。后来，老公对她说："以前吧，你很乖，我喜欢你那个样子，但说实话，我不尊重也不爱你。现在吧，你脾气真臭，有时候我特别生气，但我越来越需要你，越来越离不开你，也开始爱你了。"

这是人际关系中的一个基本真相：**有边界、有自我的人会不好相处，但只有这样的人才会被尊重，才有可能被爱。**

课后调查

你是否有过这样的转变：本来对自己的某种行为或心理蛮骄傲的，觉得自己是个好人，但后来却发现它带给你的是被人看不起，带给关系的也是破坏。然后，你有了意识的觉醒，开始改变。当你变得"不好惹"之后，别人反而更尊重你，你们的关系也变得更好，而你也变得更喜欢自己了。

第五章 完成心灵的分化

春满大地。但在我们内在,
有另一种合一。
在这里的每只眼睛背后,
有一片泛光的水面。
在风中,森林里的每一个树枝
摇晃起来都各不相同,但当它们摇动,
它们的树根彼此相连。
——鲁米

引论　分化，让你的世界变得复杂而又清晰

我曾经在微博上发起过一个调查：你什么时候开始清晰地意识到什么样的另一半适合你，什么样的朋友和你处得来？我还请网友们讲得具体一点，说说是怎么意识到的。

这是一个很实在的问题，最终有数千人给出了回答。其中，很常见的一类回答是和某人分开后。这个某人中，有伴侣，也有父母。例如，有一个获得数百人点赞的回答是这样的：

最近，我开始和父母真正心理分离，允许自己和他们有不一样的命运，内心开始持有美好的愿景，包括工作和感情上的，并相信自己能遇见。

看了这些回答，我不禁感慨，虽然我们崇尚亲密，惧怕分离，但有太多觉醒都是从分离开始的。

说到分离，最原始的就是和母亲的分离，这也是本书要着重为你讲解的内容。第一章和第二章讲的是母子共生，第二章到第五章讲的是婴幼儿与母亲的分离，对应的是总论中提到的分离与个体化期的前三个亚阶段。其中，大约四五个月到十个月被玛格丽特·马勒称为分

化与躯体意象期,不过,本章谈到的分化不仅仅是"分化与躯体意象期"中的分化,它的含义要更广泛一些。

本章所说的分化,是指一个人能认识到不同事物之间是有差别的。分化的种类非常多,但最关键的是你我的分化。也就是说,孩子逐渐意识到"我"和妈妈是两个人,我们的身体是分开的,心理也是有边界的。一些基本的分化发生后,孩子的世界就从共生的混沌世界变得复杂而清晰了。

在得到App上,很多老师都讲过与复杂相关的话题。我记得罗胖(罗振宇)曾在一期罗辑思维节目中发问:"你敢让自己变得复杂吗?"复杂很重要,而分化就是复杂化的开始。分化有非凡的意义,也可以帮助我们理解生活中的很多现象。

在开始学习本章的内容之前,请你先思考两个问题来自查一下:

1. 你觉得你能区别对待他人吗?你觉得这种区别对待合适吗?
2. 你能比较好地把握事情的轻重缓急吗?

如果你的答案是不能,或者不够确定,那么本章的内容应该能帮助到你。

01　你我的分化，让你可以与他人沟通

引论里讲到，各种分化中最关键、最基本的是你我的分化，也就是真切地认识到我是我，你是你。还可以这样理解，"我"是内部世界，而"你"是外部世界。也就是说，你我的分化还意味着一个人能区分内部世界和外部世界了。

看到这儿，你可能会觉得，分化的概念也太简单了吧？这难道不是谁都能意识到的吗？按理说，这是一岁多的幼儿就应该发展出来的心理能力；但实际上，很多成年人都没有发展到这一步。

精神疾病中的"你我不分"

如果一个人在意识上不能区分"我的"和"你的"，这就是很严重的问题。从一些极端的情况来看，很多精神疾病的症状就包括"你我不分"的逻辑。

例如，偏执型人格障碍患者和偏执型精神分裂症患者的偏执一旦启动，就会表现为他们认为事头是怎样就是怎样。有被迫害妄想的患者则会对自己的妄想深信不疑，认为自己遇到的不幸和灾难都来自某个人或某种势力的系统性迫害。

对于这样的患者，你没法说服他们。如果你原本是他们最信任的人，那他们可能会把你视为自己人；可一旦你和他们争辩，不相信他们的说法，他们就很容易把你也划到那个由迫害者构建的体系内。

同样，如果有一个人对你产生了钟情妄想，也就是认为他爱上了你，你也爱上了他，那么，你也很难让他相信这不是真的。他会认为你所有的言行都是在向他表达爱意，如果你严厉地拒绝他，他就会认为你是在考验他。

比偏执更严重的还有幻觉，例如幻听，即听到并不存在的声音，以及幻视，即看到并不存在的东西。

除此之外，这些有幻觉的患者还容易伴有透明幻觉。例如，他们会有一种被洞悉感，觉得不用沟通，别人就可以轻易看到他们在想什么。如果你和他们打过交道，就会体会到交流的困难——他们认为你是怎样的，就会把这种理解视为关于你的真相，你怎么辩解都没用；如果你辩解，他们只会认为你是在狡辩。

也就是说，这些患者会认为，"我"对"你"的认识就是关于"你"的事实。更准确地说，就是他们认为"我"的内部世界对"你"这个外部世界的想象，就等于关于"你"这个外部世界的事实。这种情况也是典型的没有边界意识。因为没有一个边界挡在你我之间，所以你可以随意地进入我的世界，我也可以随意地进入你的世界。

普通人都知道，人与人之间互相理解不是一件容易的事，需要进行很多沟通，而在此之前，自己对对方的认识都是推测和假设。其实，这种认知就建立在你我的分化已经实现的基础之上。所以说，**边界意识不仅仅是现代社会的通行规则，也是更高的心理发展水平的表现**。当没有边界意识的情况非常严重时，不仅会带来人际关系上的混乱，还可能意味着存在一些严重的心理问题。本节列举的精神疾病症状都是比较极端的例子，目的是让你更容易理解到底什么情况属于你我不分。

孩子如何实现你我的分化

说到孩子该如何实现分化，我又要强调六个月到二十四个月这个时间段，因为这是婴幼儿实现分化的关键时期。这段时间内，家长只需要做一件事，那就是允许孩子说"不"。

不知道你有没有注意过，孩子会说话后，除了常说"妈妈""爸爸"这种对家人的称呼，还会很早开始说两个词——"不"和"我来"。这两个词对成年人来说很简单，但对孩子来说有重要的意义。

说"不"，其实就是孩子在和妈妈划开边界，是在主动把妈妈从自己身边推开。说"我来"，则是在表示我发出的动力和意志，我要自己完成。当孩子能基本做到这一点时，他就实现了"外化"。而在玛格丽特·马勒看来，六个月到二十四个月大的孩子心理发展成功的标志就是外化的实现。

那么，究竟什么是外化呢？简单地说，可以认为它是"外向"的近义词。

说到这儿，我想问你一个问题：到底是内向好还是外向好？你肯定会说，如果内向和外向都是一种天然气质，那就没有好坏之分。这一点没错。但如果内向是一种封闭和退缩的心理状态，那它可能就意味着本该在两岁前完成的外化没有实现，甚至可能意味着本该在六个月前发生的共生也没有实现，于是导致一个人还处于自闭之壳中。

如果一个人没有实现外化，那他就难以把自己的手脚向外伸展，做事时也会顾虑重重，畏首畏尾。而当孩子表达"不"和"我来"这种意愿时，就是在向外伸展手脚，妈妈或者主要养育者一定要尊重这一点，不能总是替孩子解决问题。

如果孩子表达了"不"却失败了，就意味着养育者入侵了他的边界。如果养育者不顾孩子"我来"的愿望而替他解决了某个问题，本质上这就成了"你来"。虽然这样做看似帮孩子解决了一些问题，但却破坏了孩子外化的努力。

六个月前的共生期是"你来"，婴儿发出的所有动力都要母亲替他完成。但六个月之后，就不能再"你来"了。养育者必须知道，虽然婴幼儿看上去只是在吃喝拉撒睡玩，但这些事情其实具有巨大的价值——他们不仅要掌握这些基本技能，还能在掌握这些技能时实现很多心灵发展的议题，例如你我的分化和外化。

当然，幼小的孩子并不能独立完成这一切。所以，**在孩子三岁前，养育者需要有"容器"的功能——当孩子把事情做好时，认可他；当孩子遇到挫败时，支持他**。这样做不是为了帮孩子解决各种问题，而是为了滋养他的自我。而且，三岁前的孩子还没有发展出抽象意义上的"我"，也没有内化出一个"你"在心中，所以需要有人陪在他们身边。

成年人如何实现你我的分化

我之所以着重讲如何帮孩子实现分化，一是希望能让正在养育孩子的人不错过最佳时期；二是因为对成年人来说，基本原则是一样的，只不过难度和所需的时间会大大增加。

如果一个人没有实现你我的分化，还因此有了一些精神疾病的症状，那他成长起来就会非常不容易。

如果一个人在各个方面都基本正常，只是没有很好地完成分化和外化，那培养各种边界意识是非常有用的，可以帮助他完成分化。关于如何培养边界意识，可以阅读本书第四章的内容。

如果一个人发现自己不是天生的内向，而是处在一种不舒服的封闭、退缩的心理状态，那就要有意识地做出各种努力，把自己的动力、意志延伸到外部世界。

你可以检测一下自己是否能顺利表达"不"和"我来"的意愿。如果不能，建议你用本节的知识重新审视一下自己的内心，然后试着从一些小事开始练习，例如吃饭、穿衣，努力把自己的意志伸展出去，自己做主。在取得了一些小的成果后，再逐步试着做一些更大的事，例如在工作中表达自己的观点和想法。

如果你发现自己的情况很严重，或者没法判断自己的情况，那建议你向专业的心理咨询师求助。

思考题

请你观察一下，在你身边，家长的哪些做法是在破坏孩子的分化或者外化过程？我相信这个观察的过程能帮你更好地理解分化和外化，也能让你做出更多的改变。

02　关系的分化，让你懂得把握分寸

前面讲过，最原始的关系就是母婴关系，而且六个月前的婴儿和母亲是混沌的母婴共生体。也就是说，婴儿觉得我就是妈妈，妈妈就是我。

不仅如此，幼小的婴儿还会有一份延伸的感知——我就是世界，世界就是我；我就是万物，万物都是我。这比母婴共同体更加原始，而且这样的认识可以帮助我们理解一些现象。

从共生到分化

如果一个普通人总是心怀天下，想着拯救全世界，以至于严重忽略了自己的生活，那这可能是他把最初的共生关系直接投射给了世界。也就是说，他在生命初期觉得自己和母亲乃至世界是共生的，成年后仍然觉得自己和整个世界是浑然一体的，他要为这个世界负责。

如果说他对世界有一种深沉的情怀，同时也过好了自己平凡的生活，拥有丰富且复杂的情感关系，那这种情怀可能是一种成熟的情感。但如果他的生活无比单调，却心怀天下，那就需要警惕了。

一个人需要从原始共生的混沌状态不断分化。可以说，最初的母

婴共同体是"一",孩子需要不断分化,先是完成与妈妈的分化,进入"二"的世界;然后意识到爸爸的存在,进入"三"的世界。此后,世界对他来说就会变得复杂很多。可以说,父母与孩子的这种三元关系,是孩子之后人生各种复杂关系的基础。

其实,这种关系的分化可以很直观地看到。如果你去观察一个孩子的成长就会发现,最初孩子只在乎妈妈,后来也开始在乎起爸爸来。而上了幼儿园之后,很多父母会觉得孩子对老师的在乎胜过了对他们的在乎。此外,孩子还会逐渐对同龄人越来越感兴趣,等等。再大一些,他可能还会狂热地追星。

成年后,一个比较成熟的人会根据他人与自己关系深度的不同,自然而然地对其产生不同的情感。越是与自己关系深厚的人,他就会越在意,对追星这种活动的热度也会降下来。总之,他们会更能够以自己为中心,来构建一个复杂、现实的真实世界。

假如一个人对他人做不到这样区别对待,而是对所有人都一碗水端平,那这种为人风格可能会被一些人美化,但这并不是一件好事。

你发现了吗?关系的分化完成得好,放在现实生活的语境里,就是我们常说的有分寸感。在不同的关系中,要把握不同的分寸。而对关系的认识清晰了,就能明白对待家人、明星、陌生人应该有不同的分寸感。

人性极其复杂,我们需要一张复杂的关系网来承接不同的人性。

理清生活中的乱局

我的一位来访者是位女士,她觉得婚后的生活非常痛苦,因为她总是感觉自己被丈夫一家人排斥。她丈夫说过,"我们一家人非常亲密"。婆婆则有几次干脆对她说:"你怎么一直都没摆正自己的位置?你就是个外人啊!"

婆婆是这个家族说一不二的权威,丈夫也是家族里的核心人物,他是一位事业有成的企业家,是整个家族的精神支柱。既然大家都是一家人,那账就不能算得太清楚了。这位女士观察到,丈夫的弟弟、妹妹和其他家人简直是在使劲往自己的口袋里捞钱。可她不能指出来,否则就会被婆婆一家人攻击,说她在挑事。丈夫也会因此埋怨她,偶尔会对她暴怒,觉得她在破坏自己一家人的团结和感情。她和丈夫沟通时发现,他对公司的这些情况都比较清楚,也觉得这样很不合理,但就是不能为此做些什么。

生活在这个家族里,这位女士常常感觉自己像是陷入了黏稠的沼泽地,完全动弹不得。感觉到黏稠、不清爽是关系没有分化的基本表现,这会在家族和企业中造成一种乱局。我们常说"家人之间不能分得太清楚",用这种认识去处理家庭问题还好,毕竟你可能已经习惯了这种模式,但如果将这种认识带到公司,就很容易使公司的发展遇到瓶颈。

后来,这位女士劝丈夫引进投资,等投资人进驻后,又逼迫丈夫逐渐放弃家族式管理,启用现代化企业的管理模式。这引起了很多冲突,但转变还是发生了,企业也走上了更好的发展道路。而且,这还带来了另一个好处,那就是原来搅成一锅粥的家族成员开始走向分化,开始分出了彼此。最后,这位女士终于感觉有了属于自己的小家庭。

这种故事在我们的社会中并不罕见。很多人结婚后,重心还放在自己的原生家庭，他们不仅没有完成和母亲的分离，也没有完成和原生家庭的分离，结果也就没法真正把自己的小家当作生活的核心。

父母对孩子说"不"

上一节讲到，孩子对妈妈说"不"非常重要，其实，父母对孩子说"不"同样很重要。**当孩子对妈妈等养育者说"不"时，是他在主动划分边界，而养育者对孩子说"不"时，也是在给孩子划边界。**

概括来讲，父母等养育者需要做到两点：一是给孩子提供基本满足，让他的动力和意志伸展出来；二是该拒绝时拒绝，这会让孩子明白关系中是有边界的，没有谁该被谁支配。

不只是在亲子关系中需要这样，其他关系，比如职场关系中也是如此。前面提到过，心理咨询师和来访者之间是职业关系，来访者要为咨询付费，双方要约好时间，且双方都要守约，不能在咨询之外有其他关系等。这些设置就是边界，如果来访者想突破边界却被拒绝，虽然他会失望、愤怒或受伤，但这会带来很多好处。

来看一个我做咨询时遇到的案例。这位来访者是一个年轻迷人的女孩，她说她爱上我了，而且她的爱非常浓烈。但她是个敏感、脆弱的人，这让我担心自己的拒绝会伤害到她。不过，作为一个比较有经验的心理咨询师，我还是坦然地拒绝了她。

我的拒绝给她带来了很强的情绪，但再次来见我时，她说自己一开始很失望、很受伤。可是，她有过恋爱经验，当她脑海中充满对我的想象中的爱时，她没有去分辨这两者之间的不同。但被我拒绝后，她冷静了一些，然后比较了对我的"爱"和对恋人的爱，发现两者是不一样的。她对我的爱更像是对亲人的爱，特别是对父亲的复杂情感。通过这样的探讨，我们谈出了她更多、更复杂的恋父情结。

可以说，我对她的这次拒绝，在很大程度上推动了她在关系上的分化。而这样的分化，也让她在未来对关系的处理上更能把握分寸。

我在咨询中还发现了这样一种现象：有些人喜欢上一个人，和一个人有些亲近了，就会想要和这个人发生性关系。我认为这并不是性的动力在驱动，而是因为没有实现关系的分化，甚至是没有实现情感的分化。如果能逐渐完成关系的分化，这些人就会真切地懂得关系和情感是多种多样的，也会懂得如何去把握关系中的分寸。

用影视剧来举个例子。电视剧《九州缥缈录》中有三个重要角色，分别是男主角吕归尘、女主角羽然和女主角的男友姬野。他们彼此之间的情感都很深厚，羽然非常有主见，始终知道该如何处理三个人的关系。她和吕归尘虽然相互吸引，但吕归尘对她而言就是挚友，她和姬野才是恋人关系。可以说，编剧对这一分寸把握得很清晰。不过，很多观众对这种安排不满意，认为男女主角更适合在一起。我觉得，有这种想法的观众，恐怕就是关系分化发展得不够。

*

总结一下，关系的分化是指一个人逐渐能分清楚不同的关系，如亲人、朋友、爱人、同事、上下级和陌生人等，进而把握好关系中的分寸。

如果一个人能把握好关系中的分寸，该拒绝时拒绝，该加深时加深，对进一步实现关系的分化、构建更深厚的关系有重要意义。此外，关系的分化还可以衍生出情感的分化、道德的分化，如爱与恨、善与恶等。可以说，因为人与人的关系多种多样，由此而产生的关于分化的问题也有很多种类。

思考题

关于关系的分化和情感的分化，你还能想到什么？

03　肮脏与干净的分化，让你学会掌控情绪

肮脏与干净，从表面上看很容易理解，但从精神分析的角度来看有什么含义呢？我从一个小案例来讲起。

之前有过一则新闻，说一位老人在公交车上喋喋不休地追着骂一位女士。为什么呢？这位女士本来坐在他旁边，后来换到了另一个座位上。他认为这位女士是觉得他臭才离座的，所以很生气。

这看上去就是一则普通的社会新闻，你可能会想到道德教养等方面的问题，但我看到的是这位老人的心灵还严重滞留在混沌共生中。我有以下几个理由。

第一，他把自己对别人的想象直接当作现实来对待。他认为这位女士换座是因为觉得他臭，就把这当成了现实来对待，这是典型的你我不分。

第二，他轻易地去辱骂对方，这是越过了边界，在攻击对方。

第三，换座是别人的自由，我们不应该觉得自己有在公交车上干涉另一个人换座的自由，就算因此有了情绪也不应该轻易发泄出来。

此外，就算一个人身上真的有气味，也应该允许别人跟自己保持距离，但这位老人认为不可以。所以总体来讲，我认为这是因为他没有完成肮脏与干净的分化。

对肮脏的管理

从精神分析的角度来看，肮脏与干净是一对非常重要的矛盾，也是三岁前的孩子需要完成的一个关键分化。

依照弗洛伊德的理论，一岁前的婴儿处在口欲期，一岁到三岁的幼儿则处在肛欲期。肛欲期的重要矛盾是大小便训练，我认为这就是对肮脏的管理。

训练孩子大小便时，需要遵循一个重要的基本原则——不能对孩子太严厉，应该帮助他逐渐掌握对大小便的管理。因为如果过于严厉，就会让孩子形成他律他制的心理，还容易导致吝啬、洁癖等强迫性的心理问题；相反，帮助、引导则会让孩子形成自律自制的心理。

这两种方式都可能会让孩子变得尊重规则、遵守纪律，但严格训练下的孩子会觉得自己是被迫的，一旦找到机会，就可能会放纵自己；那些受到帮助和引导的孩子则会觉得"这是我自己的选择"。

精神分析学认为，对肮脏的管理大多可以回溯到对排泄物的管理上。这看上去是一种非常直观、生活化的理解——脏东西如果被管理得好，生活就会很舒适。事实上，大小便还有一个深刻的心理隐喻——它们是负面情绪的象征。

这一心理隐喻是共生期的婴儿开始有的。婴儿就像活在全好全坏的神话世界中，要么是全能自恋般的全然美好，要么有一点坏就会觉得要死亡乃至世界要崩塌。婴儿也会知道，大小便等排泄物是令人不舒适的，所以他们觉得向妈妈等养育者扔大小便就是对他们的攻击。

不仅婴儿如此，成年人如此，动物也如此。讲一件有趣的事。有一次，我去广州长隆动物园，隔着玻璃墙，一只雄性老虎很有气势地朝我走来。接近玻璃墙时，它一转身，冲着我撒了一泡尿，正好尿在我面前的玻璃上。我当时就感受到了一种被蔑视的滋味。

孩子需要学习对大小便的管理，就像要学习对情绪的管理一样。对成年人来说也一样。我之所以常常讲到心理问题和婴幼儿时期的对照，就是因为在精神分析理论看来，婴幼儿时期往往隐藏着问题的根源。而只有找到了根源，才能帮成年人解决问题。

心智化和见诸行动

心智化的意思是，养育者要帮助孩子学习用语言表达自己的情绪。特别是当孩子处于强烈的负面情绪中并大吵大闹，甚至是搞破坏时，养育者可以用语言翻译出他们的情绪，这样就意味着他们的情绪被语言标记了。

例如，当孩子非常生气时，你可以对他说："你知道吗，你现在的这种情绪就是愤怒，你现在非常愤怒。"然后进一步告诉孩子他的愤怒是如何产生的，进而帮他逐步理解、化解这种愤怒。

仅仅是标记，就能让孩子对情绪产生一种掌控感，而当孩子能用语言向别人表达情绪时，就是在沟通了。

见诸行动的意思是，有一种负面情绪你没法忍受，于是把它变成破坏性的行为。所以，情绪管理就是要不断地心智化，同时不能轻易见诸行动。

这听上去不难，其实做起来并不容易。有人对负面情绪的控制力很差，一产生负面情绪，就想表达出来。从精神分析的角度来看，这里面包含着很多层意思。比如，这样的人觉得自己非常虚弱，而负面情绪就像死能量，如果憋在心里，会把自己"杀死"。再比如，这样的人有很强的自恋感，也就是权力感，在向其他人表达负面情绪时，他们会觉得对方很弱小，自己很有力量。本节开头讲到的那位老人，之所以追着换座的女士不依不饶，很可能就是因为他知道自己比对方强大；如果是面对一个壮小伙，或者一个一看就不好惹的人，他可能就会掂量掂量再行动了。

负面情绪的表达

如果你已经做了父母，那我必须提醒你，在面对弱小的孩子时，需要特别注意控制负面情绪的表达。不过很可惜，我观察到的很多家庭都恰恰相反，父母习惯于向孩子宣泄负面情绪，而其中不少人在社会生活中其实是很温顺的。这就不得不让我联想到，权力是其中很重要的因素。这些大人可能知道，社会上的成年人不好惹，自己得收敛着点；而在家里，面对自己的家人，例如弱小的孩子，肆意宣泄是安全的。

这让我想起了一位来访者的经历。她是一位女士，她告诉我，她在童年时经常做一个梦，梦到她和妈妈在一起，妈妈在滔滔不绝地骂人，有时是直接骂她，有时是骂别的什么，而家里的地上、墙上、家具上和天花板上，到处都是粪便，她身上也有。这个梦让她难受至极，但她一直不明白是怎么回事。

从精神分析的角度来解读，那其实就代表着妈妈的负面情绪在家中任意挥洒。这也确实就是真实的情况——妈妈在家里是说一不二的女主人，对老公和孩子想骂就骂，好像永远都处在不满中。

我认为，一个人这样做，就是因为没有实现肮脏与干净的分化。一个发展相对成熟的人会知道，自己得合理控制情绪，不能随意把负面情绪宣泄到别人身上。

当然，我必须提醒你，不能以偏概全，因为我们不能简单地把负面情绪看作垃圾，不能总是憋着。相反，在重要的关系中，表达自己的负面情绪、理解对方的负面情绪是极为重要的。**亲密关系中，双方需要学习容纳彼此的负面情绪，这会让彼此的关系变得更亲近、更深厚。**

其他类似的分化

肮脏与干净是一对很重要的分化，类似的分化还有很多，例如坦诚与隐私。

活在混沌共生中的人会觉得我就是你，你就是我，我们之间不必有隐私。但如果有了细腻的关系的分化，你就会知道，在不同层级、不同性质的关系中，适合透露的隐私的层级是不同的。而这跟肮脏与干净的分化的共通之处在于，它们都会带来空间上的分化。

例如，过去经济条件不好的家庭，可能只有一间大的卧室，里面有一张大炕，无论男女老少都睡在一起。在这种情况下，卫生条件不好，也就更别提有什么隐私空间了。大多数时候，这确实是经济原因导致的，但这种情况也很容易导致混沌共生，家庭中的每个成员追求分化和自我诞生的过程都不会太顺利。

现在，不只是人们的经济条件得到了提升，更重要的是，人们越来越重视分化和心理上的成长。于是，家庭不仅分出了卧室、客厅、厨房和厕所，还分出了主人房、客人房、儿童房和书房等。条件更好的，不同的孩子都有各自的房间。而且，厨房和厕所也变得越来越干净。

肮脏与干净的分化是一对基本的分化，它还会衍生出一些与之接近的分化，比如好与坏的分化、美与丑的分化等。

而这一节的这么多内容，其实可以回到一句很简单的话上——见人的时候，还是给自己收拾一下，弄干净点吧。

思考题

从肮脏与干净这对分化出发，你想到了其他的哪些分化？你又是如何理解这些分化的？

04　想象、行为与后果的分化，让你能够宽容他人

想象、行为与后果的分化之所以至关重要，是因为这是一个人在外化过程中必须实现的步骤。那么，外化对一个人的自我又有多重要呢？下面就一起来看一看。

外化的重要性

提到心理学，我们常常会说这是一门关照内心的学问，很容易强调向内看的重要性。你可能还常听到这样的说法——"亲爱的，外面除了你自己，没有别人。"

我很喜欢这些话，觉得它们很有深意。但是，作为一个想要带你找到自我诞生路径的人，我必须提醒你，要警惕一味强调向内看的逻辑，尤其是当你是一个一直向内看的人时。

为什么这么说呢？作为一个精神分析取向的心理咨询师，我在给不同的来访者进行了长时间咨询后发现，那些在外在世界活得丰富，且拥有立体社会关系的人，心理相对更健康，做心理咨询后也更容易见效。

之所以会这样，我认为其中一个原因是，人的内心世界是非常难

以纯粹内观的。相反，人需要把自己的内心淋漓尽致地展现在各种关系中，外在世界就像一个人内在世界的投影。通过观察这个人如何与外在世界相处，能更好地看到这个人的内心，从而能更好地修炼自己的心。

实际上，一个人从婴儿到成年的成长历程，就是一个不断走向更广阔的外部世界的过程，也是一个不断将内部想象世界展现到外部现实世界的过程。这个向外拓展的过程，就是玛格丽特·马勒所说的"外化"。

如果外化严重停滞，人就容易处于封闭、内向的状态。对于这种状态，我有一个有点刺激人的说法：**你不能去搞外部世界，于是只好封闭起来搞自己**。换句话说，如果你不能和外部世界充分发生关联，内心世界就容易产生各种问题。

看到这里，你应该已经明白外化对人的重要意义了。那么，在外化的过程中，为什么特别需要一个人实现想象、行为与后果的分化呢？

想象、行为与后果

想象，是指你纯粹内在的想象世界，没有和外部世界产生任何关系。行为，是指你向外部世界的客体发出了动力，并传递到了客体上。后果，是指你的行为对外部世界的客体造成了一些实质性的影响。如果不能很好地区分它们，就会带来各种影响。

先来说说我的亲身经历。前几年，我经常会开设持续几天的工作坊，每次参加的都有三十多人，多的时候会有五六十人。我逐渐发现，几乎每次工作坊上都有一个人会出现比较严重的状况。例如，在讲课现场晕倒，甚至抽搐，或者在课程结束回家后出现异常状态。

这样的事情发生了几次后，我开始留心总结。我发现，这些人有一个共同点，就是他们分不清想象、行为和后果，常常直接把想象等同于行为和后果。例如，有一位女学员告诉我，工作坊结束后，有一天晚上她在家惊恐发作了。我和她电话沟通时，她说她做了一个很恐怖的梦，可是她一直不愿意跟我讲噩梦的内容。后来，她好不容易才告诉我说，她梦见家人都死了。我再问她细节，她有些恐慌地说，梦中家人都是惨死的，而且她隐约地知道是自己干的。

这个梦的确很吓人，但作为心理咨询师，我知道，最吓人的是她不能很好地区分想象、行为和后果。她有杀掉家人的想象，然后觉得好像自己干了这种事，还觉得好像真的产生了相应的后果，因此觉得自己罪大恶极，并产生惊恐障碍这种急性焦虑症。

事实上，她的确需要"杀掉"家人，特别是她的母亲。我之所以这么说，是因为她虽然已经结婚生子，却仍然和父母住在一起，而且母亲对她的控制非常严密。也就是说，她还处于母亲包围圈中，她必须得突围出来。

经历了她的故事后，我有了警惕心，每次开设工作坊，都会在第一天给大家讲想象、行为和后果的区别。我会反复强调，每个人的潜意识中都有非常黑暗、血腥、奇幻的内容，你可以想象任何事情。在这些想象中，你有绝对的自由。但你必须知道，想象只是想象，只要没有见诸行动，就不会引起后果，你更不用因此觉得自己有罪。

觉知复杂的内心

学习心理学，特别是学习精神分析理论后，我知道，心灵世界丰富、复杂的程度远远超出一般人理解的范畴。例如，精神分析学派的创始人弗洛伊德提出了"潜意识"的概念。依照他的说法，每个男性都有恋母情结，每个女性都有恋父情结。另一位精神分析学派的大师荣格则提出了"集体无意识"的概念，认为一个集体有其成员没有承认、甚至都没有碰触过的无意识。例如，我们崇尚孝道，孝道就是我们的集体意识，而孝道的对立面就是我们的集体无意识。

潜意识浩瀚无边，当你去探寻自己的潜意识时，就相当于跳入了深渊。那么，我们该如何在这无边的深渊中找到一座灯塔呢？

我想用一系列电影为例来解释这个问题，这一系列电影就是《蝙蝠侠》三部曲，它的导演用非常隐晦的手法表达了蝙蝠侠恋母弑父的情结。

例如，蝙蝠侠的老家被毁掉后，他好像并不心疼，而是非常自然地想去修建他心中的新家。我认为这可以理解为过去的家是由父亲创造的，而他想超越死去的父亲。我甚至觉得蝙蝠侠黑色的形象，可以理解为他的黑暗内心。

蝙蝠侠是在碰触自己的深渊，这样做太容易迷路。电影中，他青梅竹马的女友瑞秋好像看到了这一点，于是对他说："重要的不是你怎么想，而是你怎么选择，选择决定了你是谁。"我非常喜欢这句话，它很准确地说明了想象、行为和后果对我们的意义。

每个人的想象世界都无比复杂，但我们可以通过主动的选择去追求自己希望展现的行为，以及希望达到的后果，而这些可以在外部世界看见的东西,也会反过来塑造我们的内在心灵。

因此,我们要特别重视自己的选择。我们应该去觉知自己复杂的内心,但要说什么话,做什么行为,都是可以选择的。同时,我们要对自己和别人的想象给予适当的宽容。毕竟,言语和行为不是一回事,行为和后果也不是一回事。例如,朋友对你发怒,向你说了很难听的话,你要知道这只是言语,并不等于他真的对你做了这样的行为。

只有能区分这一点,我们才能对别人的想象和言语给予宽容。就像很多关系很好的朋友一样,可以肆无忌惮地用言语攻击彼此,但这并不影响他们的友谊,因为他们知道,想象、言语和行为不是一回事。

想象世界里的自由

在现实世界,要评定一个人,特别是要给一个人论功或定罪,需要根据其实际行为和后果——特别是后果——来进行,这可以被称为现实原则。例如,你开公司,要做到赏罚分明,就需要有这样的现实原则。

如果我们能把想象、行为与后果区分开,就会带来一个好处:把想象只当作想象对待,假定想象世界并不等于现实,甚至想象都未必能进入现实世界,会让想象世界更加自由。例如,如果拿现实世界的法律和伦理去衡量想象世界,很多杰出的文学作品和影视剧就不可能问世了。正是因为我们区分了想象和现实世界,想象世界才会变得更加自由,才有了各种天马行空的作品。

精神分析治疗及其理论的发展都遵循一个原则，那就是中立、不带评判地去觉知人的内在想象世界。可以说，这是尊重人想象世界的彻底自由。

精神分析是探寻一个人内在想象的规律，主要围绕其个人经历展开。这让我想起了《人类简史》的作者尤瓦尔·赫拉利（Yuval Noah Harari）说过的一句话："任何大规模人类合作的根基，都在于某种集体想象的虚构故事。"

所以，想象极为根本。一个富有想象力的人不仅具有创造力，还很有可能会给人类社会带来改变。不过，这需要区分想象、行为和后果，因为直接把内在想象和现实后果等同起来的人，要么是完全不能自由的，要么就是一个彻底的疯子。

思考题

看完这一节的内容，你对人的想象和行为有没有产生什么不一样的理解？

05　力量与情感的分化，让你的心胸变得更宽广

前面已经讲了四种分化，但人性非常复杂，涉及的分化种类繁多，目前讲到的只是我认为最重要的几个。那么，对于其他类型的分化，能不能有逻辑清晰、条理分明的理解呢？

人性坐标体系

在思考这个问题时，我想到了我总结的一个人性坐标体系，它的纵轴是力量维度，横轴是情感维度（见图5-1）。

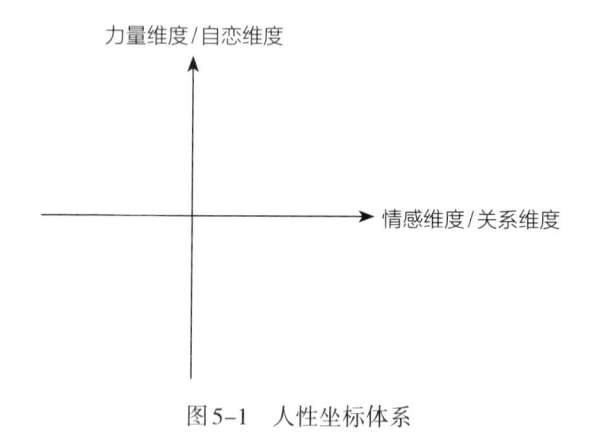

图5-1　人性坐标体系

纵轴的力量维度，可以理解为自恋维度、权力维度、能力强弱维度。横轴的情感维度，则可以理解为关系维度、道德维度等。如果你在思考一种人性的分化，并且想对它进行归类，那么可以看看它是该归到力量维度，还是该归到情感维度。

相对而言，"力量维度"和"情感维度"的表述更能说明这两个维度的性质。不过，如果想特别准确地理解，那还是用"自恋维度"和"关系维度"的表述更好一些。

仅仅清晰地意识到自恋维度与关系维度的存在，也是一个重要的分化，可以帮助我们理解很多事情。

自恋维度与关系维度

首先，这能帮助我们意识到，虽然我们喜欢讲爱恨，但爱恨的情感能力在心灵发展上是比较滞后的，自恋维度则是天然的。一个人从只在乎力量的自恋维度，发展到真正在乎情感的关系维度，是一种人格上的重要发展。当一个人处于混沌共生状态时，他常常会以为自己特别在乎爱恨，但其实他真正敏感的是力量的强弱，也可以说是权力的大小。

还是用一个比较常见的社会新闻来举例。一辆公交车上，一位孕妇准备下车，并给一位老太太让座。让座时，她说："您慢一点儿，别碰着我。"就这样一句话，触怒了这位老人。老人开始对她破口大骂，指责她说："你让我站了好几站都不给我让座。"孕妇解释说："我是孕妇，身体不方便。"老人说："你是孕妇咋了？我是老人，你就该给我让座！"

在这件事中，我认为孕妇可能是觉得自己主要在表达关系维度的内容，老太太则完全感知不到这一点，她感知到的只有自恋维度的内容。你早就该给我让座，而你提醒我别碰着你，就是在攻击、侮辱我。在老太太的世界中，只有"我"，也就是只有自恋、权力、强弱与高低，而没有"你"，没有关系、情感、爱和平等。

其次，这个坐标体系还可以帮助我们理解很多现象。例如，我发现身边常常有人会觉得好像必须足够卓越才配活着，才可以得到承认。我将这称为"卓越强迫症"，其核心症状是相信不卓越就不配活着。那么，这究竟是怎么回事呢？

用人性坐标体系来分析，这就是因为我们常常特别在意力量的自恋维度，而对情感的关系维度感知不够深。单纯从这个坐标体系的视觉上看，就是我们只在乎纵轴，而纵轴的特质是分高低；同时我们不太在乎横轴，而横轴的特质是平等。

对于这种现象，我们可以在这个坐标体系上标定一下分数。我认为，我们对纵轴的在意是无限的，假设满分是100分，那我们的感知就会是-100分到100分；我们对横轴的感知不敏感，也许可以打-10分到10分。想象一下，这样画出来的图，像不像一条狭窄的独木桥？

当我用这个画面去重新思考时，我立即明白了我老家村子里一位大家长的故事。

这位大家长是我们村子里的一位能人。他非常能干，他所在的家族和他所带领的儿子、女儿两边的家庭，都是村里比较富裕的。可以说，他是整个家族当之无愧的"大家长"。他在第三代孩子的教育上特别焦虑。有一次听说我回老家了，就带着一个孙女和一个外孙来见我，希望我能开导开导他们，让他们好好学习。

其实，这种事我见多了，几乎都必然存在一个规律——家长都希望我去开导孩子，可最终都变成我发现了家长的问题，然后开导和分析他们。

这位大家长的孙女在读小学高年级，一直是班里的前五名，还在刚刚结束的考试中考了第二名。这已经是很好的成绩了，可这位大家长并不满意，他觉得第二名毫无意义，只有第一名才有意义。你可能会觉得这听上去像是在开玩笑，但他说得情真意切，不是装的。

在多年的心理咨询中，虽然我已经见过很多父母对自己的孩子不够认可，总说别人家的孩子更好，但这位大家长的看法和坚决的态度还是刺激到了我。

其实，这位大家长，或者类似的有"只有第一名才有意义"的想法的人，可以说情感的关系维度基本上都没展开，他们只感知到了力量的自恋维度。想象一下这个画面：在人性坐标体系中，他们的横轴完全没有展开，只有纵轴，那会是一种什么情况？

从数学的角度来看，在 –100 分到 100 分之间，是有无限多的位置的。但从心理学的角度来看，纵轴这时会出现一个变化，那就是只有 100 分和 –100 分，或者说只有 100 分，也就是只有最高位置才有价值。

之所以会这样，是因为自恋维度和死亡焦虑是密切联系在一起的。如果人性中只有自恋维度，就意味着位置最高的那个人可以决定其他所有人的生死。所以，虽然 99 分也够高了，但只要没达到 100 分的最高位置，就还是会有严重的死亡焦虑。

说回这位大家长。他的外孙成绩一直很差，总是排倒数，有时甚至会考倒数第一名。有一次，他考了倒数第二十几名。按说这是一个巨大的进步，可姥爷和妈妈还是肆意地批评他，说："你的成绩怎么还是这么烂？你看你竟然还有点骄傲了，你知不知道这个成绩还是排在中下游？你还是落后的，你骄傲什么？"

我有数位做家教的来访者，他们说这种现象自己见过很多次。那些成绩特别差的孩子的家长，就是对中间位置毫无感觉。他们会认为孩子从考二三十分到及格毫无意义，从刚及格到七八十分也毫无意义，似乎只在意顶尖的好成绩，而这很容易导致孩子自暴自弃。

我向那位大家长的外孙讲了自暴自弃的逻辑。我告诉他："从倒数最后几名到倒数第二十几名是一个巨大的进步，你本来期待能得到大人的认可，但发现还是受到了批评，于是你很生气，很绝望，干脆自暴自弃，甚至故意考倒数第一名来气他们。你这是在报复、惩罚他们，这给你带来了快感，让你觉得自己有力量。不过，你也可以换一种方法。你知道学习很重要，成绩好了自己也会开心，那么，你能不能为自己学习呢？"

或许是我的话起了作用，我听说几个月后，这个男孩的成绩有了非常大的提升。

自恋是人的根本属性。刚出生的婴儿天然都在自恋维度，而且这还涉及死亡焦虑，所以他们对力量的强弱和权力的大小非常敏感。但是，随着感知到养育者，特别是妈妈的爱，他们开始感知到关系维度，开始体验到爱。而且，当他们也能对妈妈产生深厚的爱时，他们会感知到世界上不是只有"我"这一个中心，还有"你"这另一个中心，"你"和"我"都是值得尊重的人。这时，平等也就产生了。所以说，**只有情感，才能让人感知到平等。**

相信很多人都有过这样的体会：你原本对一件事很纠结，其中有很多东西令你非常敏感和在意，但当你感知到自己和对方的爱后，你突然放下了自己的敏感与纠结，觉得怎么着都行了。这就是从自恋维度到关系维度的转变。

不过，自恋维度并没有消失，而是随着关系维度的展开，你的心胸一下子变得宽广了很多。对应到人性坐标体系中，就是当横轴和纵轴的分数都能展开时，整个坐标系的面积一下子变大了。

孝顺 ≠ 爱

再说说孝顺这件事。很多人认为，孩子对父母的孝顺就是爱。但我想说，我们对孝顺的定义常常很模糊，甚至偏离了它原本的意思。比如，通过人性坐标体系来看，如果孩子顺从父母，把父母放到了权力的高位，维护了父母的自恋，这就是力量的自恋维度的表达。但他们却常常忽略关系维度的展开，而这个维度意味着平等。过于强调顺从的孝顺，是被扭曲的孝顺，其中缺失了爱的部分，所以这样的孝顺可能就不是爱。

实际上，如果想让自恋的婴幼儿感知到爱，需要养育者，特别是妈妈在孩子幼小时给予充分的照顾，并呵护孩子的自恋。而这意味着养育者要常常呵护孩子的动力与意志，让他们的动力与意志基本得到实现，并最终孵化出自我。

思考题

社会上有很多现象，本质上都是自恋、力量与权力的表达，但被我们说成了关系、情感与爱，这是一种倒错，你能想到哪些？你又是如何理解的？

第六章 建立完整的自我

万物的你,说出我是谁。
说,我就是你。

你拥抱某种形式
说,"我是这个。"
天哪,你不是此
也不是彼,也不是其他

你"独特唯一"
"心往神驰"
你是宝座、皇宫和国王;
你是鸟、圈套和捕鸟人。

罐中的水和河流在本质上区别,
你是精神,也是相同。
你,每个偶像曾经膜拜;
你,每个思想形态殒于你的无形。
——鲁米

引论　心中住下一个爱的人，完成个体化

本章内容对应的是玛格丽特·马勒所说的分离与个体化期中的第四个亚阶段，即情感客体稳定与个体化期。简单地说，马勒认为，人在二十四个月到三十六个月时会完成两件很重要的事——情感客体稳定性和个体化。

先来解释一下什么叫情感客体稳定性的完成。

在这个阶段，人会把身边最重要的情感寄托对象，也就是那个外在的爱自己的人，通常是妈妈，内化到心中，让自己心中住下一个爱的人。现代育儿观念中有一个基本共识，就是妈妈最好稳定、高质量地陪孩子到三岁，其间尽量不要有大的分离。我想，这个说法的源头也许就是马勒的这个理论。

在心中住下了一个爱的人之后，你对孤独的承受力就会变得强很多。反过来说，能享受孤独的人，不要觉得都是因为自己境界高，真相可能只是因为你运气好，在三岁之前把爱你的人内化到了自己心中。

再来看看什么叫个体化的完成。这是指在用三年时间把外在妈妈的爱变成心中住下一个爱的人的同时，孩子的个体化过程也完成了。也就是说，他抽象意义上的自我诞生了。

"你存在，所以我存在"，这句话你或许不陌生，很多西方哲学家都做过这样的表述。哲学家们说的"你"其实是上帝，但在母子关系中，我们也可以借用这个表述——如果孩子在三岁前得到了比较好的陪伴，在三岁时，他的内心就会同时住下"我"和"你"。这是心灵发展过程中一个里程碑式的进步。

在六个月前的共生期，孩子虽然本质上是活在"我们"之中，但他们只能感受到"我"是唯一的中心，可以说是活在一元世界中。当心中同时住下了"我"和"你"时，孩子的心灵就进入了二元世界。之后，当孩子能将父亲这个"他"也当作中心，并内化到自己的心中，他的心灵就进入了三元世界。

回到个体化的过程，虽然说到了抽象意义上的自我的诞生，但它诞生的过程并没有那么容易，太多阻碍和干扰会影响它的进程。这一章，我们就来详细聊一聊这块内容。

01 自我确认，不再过度渴望外界回应

这一节，我要讲一个完整的个案，因为它非常具有代表性。我相信，对这个案例的分析和对相关心理学知识的介绍，能够帮助你很好地了解一个成年人在心理学意义上的自我确认。

有撒谎癖且容易紧张的女孩

这个个案的主人公是我的一位来访者，她是个女孩，这里称她为M。她来找我咨询时是25岁，当时我发现她有两个非常特别的地方，一个是有撒谎癖，一个是很容易紧张。

撒谎癖就是当别人问她关于她的信息时，她永远不会在第一时间说实话。例如，假设她月收入是12000元，如果有人问，她绝不会第一时间如实相告，哪怕是最好的朋友也不会。她要么说多一点儿，要么说少一点儿，就算跟真实收入只差一点点，她也不会说实话。

当然，你可能会觉得收入属于个人隐私，想保密是可以理解的，但她在很多其他事情上也这样。例如，吃了一顿饭后，别人问她花了多少钱，她也极少说实话。

这种撒谎癖不是道德问题，因为她不是为了骗取好处，更无意伤害

他人。我认为，她这么做只是为了把自己的真我隐藏起来，不让人看到。

对我，她一开始也有类似的表现。例如，关于姓名和家境，她都有所隐瞒，但之后又如实告诉了我。后来据她自己说，相对于其他人，她在面对我时已经尽可能地坦诚了。

再说说她的第二个特征——容易紧张。

我给她做一次心理咨询的时间大概是50分钟。在这个过程中，她会一直坐得很端正，而且每时每刻都非常紧张地关注着我的一举一动。如果我略有懈怠，如感到疲惫、犯困、皱眉或者低头等，她就会紧张地问："武老师，我让你觉得累了吗？我刚才的表达不好吗？我是不是说得太乱了？"

通常面对这样的现象时，我倾向于将其理解为来访者对咨询师生气了，但他们表达指责时有困难，于是把这份指责转向了自己，所以才会问是不是自己哪里做得不好。M说，她真的从来没有因为我的懈怠而生气，她是觉得自己说话确实很啰唆，没重点。

不过，对于她每时每刻都在紧张地盯着我这一点，她是没有自知力的。对她而言，这是一种自然而然的状态，她不管在哪儿都这样。"不识庐山真面目，只缘身在此山中"，这句诗就可以用在这儿。

"镜映"与"无条件积极关注"

经过分析，我认为M的撒谎癖和容易紧张的问题，都可以归因到一点上，那就是她在寻找"镜映"。这是心理学上的一个概念，简单来说，就是指给出正向回应。

从生理学的意义上说，我们对自我身体的认知最早是从镜子里得来的，我们会有一个被外部照到，然后才知道我是谁的过程。同样，心理学意义上自我的确认，也需要一面镜子，需要另一个人作为镜子去确认我们、看到我们。其中，最常见的就是婴儿需要将妈妈等主要养育者作为镜子，从中得到自己身份的确认。

回到 M 的案例。说她在寻找镜映，就是说她希望自己发出的每一份动力，都能从我这面镜子里得到积极回应，这会带给她一种"她完全是好的"的感觉。所以说，她每时每刻的紧张和对我一举一动的关注，就是希望我能给她这种回应。当我有所懈怠时，她之所以不生气，反而指责自己，是因为她把我当成了理想化的权威。权威这面镜子没有问题，如果有问题，也是因为受到了她的影响。

从职业的角度来看，我的确需要给她镜映，或者可以简单地理解为对她无条件积极关注[①]。"无条件积极关注"是人本主义心理学家卡尔·罗杰斯（Carl Rogers）提出的一个概念。简单来讲，这基本就等同于无条件的爱，我对你好是没有任何附加条件的。所以，我对 M 的心理咨询，最初就是以支持和肯定为主，后来才逐渐开始对她进行分析。

M 的撒谎癖可以这样理解：她非常渴望得到外界的回应，尤其是希望从别人的镜子里看到自己是好的；如果得不到这种回应，她就会觉得自己的真我是坏的。此前，她在成长过程中严重匮乏镜映，这导致她认定自己的真我是坏透了的。所以，但凡涉及她自己的信息，她就会习惯性撒谎，制造一团迷雾，好让别人看不到她的真我。

[①] 罗杰斯将对咨询关系的重视提到了一个前所未有的高度。关于如何构建咨询关系，他提出了三个非常简单的原则——真诚、共情、无条件积极关注。无条件积极关注是自我发展的重要方式之一，这是一种没有价值条件的积极关注体验。即使自我行为不够理想，一个人也能觉得自己受到了父母/咨询师真正的尊重、理解和关怀。

这也会导致其他一些常见的问题。比如，她几乎没有朋友，和父母的关系也相当差。在这种情况下，一般人就不会想着改变父母了，因为他们最终会感到绝望且疲惫不堪，于是只好转身离去，去构建自己的生活。M读过不少心理学方面的书，知道这一点，但她本能上特别想改变妈妈，特别想和妈妈亲近，于是做了很多努力。

一开始，她受到了一些挫败，但经过一年多的努力后，突然有一天，她和妈妈的关系发生了巨大的变化。听完她的讲述，我深切地感知到这是一种质变。不过同时我也有些担心，因为这是她费了很大劲儿才换来的，而妈妈也很不自然，我不知道这种变化能不能持久。后来，她和妈妈的关系果然又出现了很多次危机，有时危机能持续半年。不过，每次危机最终都被化解了。前两年，多数时候是她主动向妈妈示好，后来基本都变成了妈妈先向她示好。

在和妈妈的关系有了质的改善后，她遇到了一个蛮合适的男孩，开始了真正的恋爱。在这个过程中，做心理咨询也起到了很大的作用——如果没有心理咨询，她可能分分钟就会选择分手。想分手的原因都一样，就是当男孩有所懈怠后，她立即就会觉得对方不喜欢自己了。

心理咨询中我的懈怠，以及恋爱中男孩的懈怠，有时是真的，但更多时候是她的误解。作为一个追求镜映的人，只要没得到积极回应，她就会感知成负面回应。可实际上，除了别人偶尔会给她负面回应，很多时候别人只是活在自己的世界里，产生的一些懈怠也并不是针对她的。

这个道理，她其实也懂，只是体验上做不到，只要对方不给积极回应，她就会紧张。我认为，她在六个月前的共生需求没得到基本满足。于是，虽然她有成年人的头脑，但她的心灵还非常渴求与一个人共生。

再后来，她结婚了。可是，这段婚姻并不像是两个成年人的婚姻，更像是丈夫这位"妈妈"在哄着她这个"宝宝"。

孤独与回应

M和妈妈的关系愈发亲密起来，她们会有各种约会，会一起看电影、一起听课、一起吃饭。有一段时间，只要一空下来，她就会不安，特别想给妈妈打电话，可有时电话接通了，她又不知道要说什么。

一孤独就不安，必须找人陪伴，可以理解为孤独的时候，由于没有镜子给自己积极回应，她就会觉得自己的动力与意志都是坏的。这太可怕了，所以她必须找一个人来作为一面镜子，告诉自己"你是好的"。

妈妈越来越懂女儿的这种感觉，所以，妈妈会对她进行各种夸奖、肯定，以及表达喜欢，最常对她说的一句话是："你可爱，做什么都对。"并且，妈妈虽然也有时候觉得这是在忍耐和配合，但她由衷地愿意这么做。

我的理解是，妈妈之所以没有在女儿幼小时满足她的共生需求，是因为这位妈妈小时候也没有从自己的妈妈那里获得满足。所以，随着和女儿的关系越来越亲密，两个人都有了共生感，妈妈的共生需求也被满足了。

后来，M在和丈夫以及和妈妈的这两对关系中，甚至会越来越放肆，而丈夫和妈妈也都能接纳。有时候他们可能会受不了，跟M的关系会暂时崩掉，但他们都会主动过来和她修复关系。能有两个人宠自己，M深深地感到自己太幸福了。

这种状态持续了大约三年后，一些改变悄然发生了。有一次，有人问 M 她的新工作怎么样。她自然而然地跟对方讲了一些情况,包括她的收入等,然后她意识到自己竟然没有撒谎。在和我的咨询中,她也逐渐放松一些了。有一天,我突然感觉到,我们关系中一直以来的那种紧张消失了,我也忽然明白她变了,她放松了下来,也不再每分每秒都关注我的一举一动了。

她也意识到了自己的改变。她说,她觉得整个生命,乃至整个世界都不一样了,有一句话从心中涌出——"反正有大把美好时光可以浪费。"

M 能从极度紧张发展到基本放松,这是一个巨大的成长。

*

作为本章的第一节,我们一起通过这个案例,了解了一个成年人在心理学意义上的自我确认。之所以用这个案例来串联所有内容,是因为这样更有助于你理解。本节只是浅层的分析和梳理,下一节,我会对这个案例进行更多分析,并通过分析引出本章的核心理论。

思考题

你有过类似的转变吗?如果有,试着用本书讲到的理论来自我分析一下吧。

02 基本满足，伸展你的动力和意志

这一节，我们用本书讲到的理论来对M的情况进行更详细的分析。这是一个非常典型的案例，对它进行分析可以帮你更好地理解自我诞生过程中个体化完成的重要意义。

先来看看M的问题究竟是什么。我认为，至少有两点：第一，她在婴儿时和妈妈的共生需求没有得到满足，这导致她部分卡在自闭之壳中；第二，她两岁前的基本任务外化也没有完成。

共生需求没有得到满足

M在成年后如此渴求共生，再加上她一开始和妈妈的关系很差，所以我推断，在六个月前的共生期中，她没能和妈妈建立起基本的共生关系。

上一节讲到，M在恋爱中常常没法持久，这可以理解为一旦她发出动力，稍稍受挫，这份动力就会死掉。可以说，动力的诞生对她而言是一个问题。

当然，爱的表达对很多人来说都是大难题，我见过很多人恋爱水准都很一般。或许，其中有人可以在其他方面追逐自己的动力和意

志，但也的确有不少人显示出了一定程度的自闭。例如这个案例的主人公 M，她基本没有朋友，这也是自闭的表现之一。

我还观察到，M 好像没有强烈的需求。除了对和妈妈的亲近表现得很执着，她在其他方面都没有比较强烈的爱好。这也可以说明她的太多动力都处于冰封状态，没有真正活出来。

外化没有完成

外化完成对应的现象是，能将自己的动力和意志自如地伸展到客体上。其中，客体包括人、事和物，而在这一点上，M 很匮乏。

比如，她有一个非常特别的地方，就是她在小学一年级、初一、高一乃至大一的成绩都非常出色，但一到每个一年级的学期末，成绩就开始下降，到二年级时就很普通了。她有极其强烈的好胜心，可这并不能支持她一直取得好成绩。她的智商也没有问题，我觉得她的智商相当高。

那么，究竟为什么会出现这种情况呢？我觉得可以用意志的诞生的说法来解释。

任何普通人都有动力，都可以起心动念，渴望自己变得卓越，这是全能自恋的表现。而且，一个人的人格越稚嫩，他的全能自恋就会越强。但是，要使学习成绩保持卓越，一般来讲都需要意志力，需要能持续地做出努力。而在 M 这里，我认为她能靠高智商和强烈的好胜心在短期内取得好成绩，可她的意志尚未诞生，所以难以持续努力。

那一个人的动力和意志如何才能诞生呢？根据本书前面的内容可以知道，这需要得到基本满足。所以，基本满足就是一个人从内部发出了动力和意志，最终在外部世界得以实现，当获得"我的动力和意志能基本实现"的感觉时，就意味着动力和意志诞生了。

如何得到基本满足

一个成年人可以通过智识去选择那些对自己难度适宜的东西，在这方面发出动力和意志，然后不断地去实现它们。这是一条显而易见的路。不过，如果你的动力和意志还没有诞生，这样做就会非常不容易。而且，根据我的观察，如果一个人要去追求在某些事情上的实现，就会导致一种现象——你在某个方面或某几个方面展开了自己的动力和意志，但好像整个世界对你仍然是关闭的，外化仍然没有发生。

我认为，动力的完整展开和外化的基本发生需要一个基础，那就是你和一个人建立了完整的关系，既有深情，又有广泛的配合。这样的关系可以帮你比较全面地打开自己。其中，最容易看到的完整关系是亲子关系和情侣关系，因为生活本身就必然意味着广泛的配合。

对M来说，她需要和一个人重新建立适当共生的关系。婴幼儿时期的匮乏导致她觉得自己的动力和意志基本上都是坏的，不能向其他客体展开。这种感觉刻骨铭心，让她一直都严重地蜷缩着。成年后，在和妈妈建立了适度共生的关系后，她的动力和意志就可以向妈妈伸展了，也包括在妈妈的陪伴与帮助下向其他客体伸展，而这种感觉的实现彻底打开了她的世界。

虽然玛格丽特·马勒说，只有六个月前的共生才是正常的，此后的共生都是病态的，但我在咨询和生活中见到了不少像M这样的人，他们的确是在成年后，通过实现和另一个人的适度共生才重新打开了自己。

六个月前的婴儿与妈妈的共生是近乎百分百的，他们希望全然地拥有彼此。而成年人的共生不同，一方面，成年人不容易只有彼此；另一方面，也要有意识地拒绝全然陷入二人关系。例如，对 M 而言，她和老公的关系不错，妈妈和爸爸的关系也很好，这让她和妈妈的共生程度没有变得太深。

M 和妈妈的关系应该是既有强烈的共生的部分，例如经常一起做各种事，同时也有分离与个体化的部分。关于分离与个体化的部分，你可以想象这样一个经典画面：孩子在专注地玩耍，但他们需要妈妈或稳定的养育者陪伴在身边。受挫了，他们就会找妈妈帮忙；把事做好了，他们也会想与妈妈分享。对应到 M 身上，就是她什么事都想讲给妈妈听。

我们要懂得，不管是在亲子关系、情侣关系，还是在其他深度关系中，除了满足彼此的需求，我们还帮助彼此更好地伸展了自己。这份伸展，或者说生命力的扩展，比满足彼此的需求更重要。

我们还要懂得，**人是慢热的动物，无论是亲子之间，还是在其他重要关系中，要想实现彼此的基本满足和关系的深度，都需要时间。**

情感客体稳定性

讲到这里，需要讲一下马勒的另一个重要概念——情感客体稳定性。而要讲清楚这个概念，就先要讲清楚什么是客体稳定性。

你肯定知道，和幼小的孩子玩藏猫猫很有意思。妈妈用手把自己的脸挡住，再突然打开，孩子就会笑得特别开心。可等孩子大了，这个游戏就没法玩了。这是因为幼小的孩子还没有形成客体稳定性的概念。他们觉得，能看见一个物品时，它就是存在的；看不见时，它就不存在了。一会儿存在，一会儿又不存在，这种对比太刺激了。妈妈和孩子玩藏猫猫给孩子的感觉就是，自己最爱的、唯一的妈妈突然消失了，这太可怕了，可还没来得及感到恐惧和悲伤呢，妈妈突然又回来了，这太刺激了！

当然，我并不是要反对这个游戏。实际上，这是一个很好的游戏，可以帮孩子慢慢形成客体稳定性的概念。

物质客体稳定性很容易形成。如果智力正常，孩子在九个月时就会形成这种概念。但是，很多人终其一生都没能形成情感客体稳定性。

情感客体稳定性形成的标志是，虽然一个人对你有时好，有时不好，但你基本能确信他是爱你的。这一点的形成需要时间。马勒认为，如果妈妈稳定地给予孩子有质量的爱，那么孩子会在三岁左右时形成情感客体稳定性。而想要让一个封闭的成年人重新相信这份爱，则需要更多的时间。所以，在M这个案例中，她花了更多的时间才终于确信妈妈是爱她的。

上一节讲到M后来不再紧张了，慢慢放松了下来。你可能会觉得这没什么了不起的，但实际上，这是一个巨大的改变。之前的紧张是因为她怀疑自己不好，不值得被爱，而且这种不好是一种基本感觉，无处不在。但当她和妈妈的关系得到大幅改善，并且这种状态持续了数年之后，她终于确认妈妈是爱她的，而她也是值得被爱的。这时，她才终于放松了下来。

马勒认为，二十四个月到三十六个月是情感客体稳定性和个体化的完成的阶段。可以认为，**情感客体稳定性的形成是一个人的心里住下了一个爱的"你"，个体化的完成则是这个人确信"我"是好的，是值得住在抽象的心里的。**

这意味着，一个人的心里住下了一个"好的我"和"好的你"。"好的你"愿意善待"我"，"好的我"也愿意善待"你"。即便你我之间有愤怒和敌意，也可以在我们的关系中得到化解。这样的基本感觉，带来了真正的放松。

思考题

你发现了吗，爱，就是这么了不起！你有这样的时刻吗？有没有在突然间发现，不知不觉中，自己的心中已经住下了一个爱的人，而你的生命从此变得不同？

03　自我诞生，必须学会尊重自己的感觉

本章一直在讲个体化的完成，这一节，就来讲一讲个体化自我的诞生。

你可能读过米兰·昆德拉的小说《不能承受的生命之轻》，他在书中描绘了女主角特丽莎的一种恐惧：小时候，妈妈一再对她说，你什么都不是，你和别人没什么两样。这种说法里，有绝望和认命在。

特丽莎很美，她希望自己是独一无二的存在。不过，她不是因为生得美才这样想，而是觉得独一无二才意味着她是存在的。

特丽莎的妈妈年轻时也很美，这份美貌给她带来了炫目的存在感。她同时和几个男子保持着性关系，可却被一个条件一般的男人设计怀了他的孩子，不得不嫁给他，后来生活得越来越不如意。可能她觉得自己被命运嘲弄了吧，之后变得坦荡而又鄙俗，并且想让女儿也接受她的感觉——你和别人一个样。

和托马斯在一起后，特丽莎把这种渴望放到了托马斯身上，希望托马斯能给她这种感觉——"你是独一无二的。"然而，她也被嘲弄了。托马斯有无数情人，他亲她的时候，和亲别的女人一样，摸她的时候，也和摸别的女人一样。

我在思考情感客体稳定性和个体化的完成时，禁不住想起了特丽莎

的这种渴求。当一个孩子能稳定地在妈妈充满爱意目光的这面镜子中看见自己时，他就能感受到自己是独一无二的存在。情感客体稳定性的形成，也意味着孩子个体化的完成。但很显然，特丽莎没有实现这一点。

个体化自我

个体化完成后，紧接着就是个体化自我的诞生。而个体化自我，就是指你形成了一个独特的自我，它围绕着你的感觉而构建。

那么，幼儿怎么才能形成个体化自我？其实前面已经多次讲到了，概括来讲，需要以下四个条件。

第一，六个月前，妈妈和孩子构建好共生关系，满足孩子的共生需求。

第二，六个月到三十六个月期间，按照孩子的需求，妈妈逐渐和孩子拉开距离，但仍然要让孩子感觉妈妈基本稳定地在他身边。妈妈可以上班，出短差，但这时需要有一个替代养育者。总之，不能让孩子自己待着，而且这个替代养育者也要稳定，不能换来换去。

第三，养育者给孩子高质量的回应，包括照顾孩子的生活需求和情感上的需求。

第四，允许孩子说"不"，尊重孩子"我来"的意志。

在这些条件下，孩子最终会相信世界是基本可以信任的，他的生活是基本可以掌控的。而且，他不是委曲求全地活着，而是可以按照自己的感觉展开动力和意志。

在本书的体系中，所谓的"活着"至少包括三个层级：首先是动力层级的"我"可以活下来；其次是意志层级的"我"能活下来；到三岁时，终于是抽象自我层级上的"我"可以活下来了。

反过来说，当"我"处在动力层级时，人就会执着于一个动力，要求它在当下的这个时空立即实现，否则就觉得"我"要死了。当"我"到达了意志层级，人就有了时间感和空间感。简单来说，就是有了我们通常所说的耐心，但还是不能接受意志的生死。当"我"处于抽象自我层级时，人就获得了一个超然于一切具体动力和意志上的自我。这种抽象的存在感会让人形成一个更大的心灵空间，而且他能理性地接受一些动力和意志的死亡。

这就是正常的心理发展过程。如果能这样发展，一个人可以说是幸运的。就像奥地利精神病学家阿尔弗雷德·阿德勒（Alfred Adler）那句非常戳人的话一样："**幸运的人一生都被童年治愈，不幸的人一生都在治愈童年。**"

尊重你的感觉

人性非常复杂，心理学也纷繁复杂。那么，想要形成个体化自我，有什么简单的原则可以让人去遵循吗？

我认为有，那就是尊重自己的感觉——它是形成个体化自我的关键。没有形成个体化自我的人，需要学习尊重自己的感觉，最终集腋成裘，形成个体化自我。形成了个体化自我的人，则自然而然地就会尊重自己的感觉。当然，也存在特殊情形。比如，一个人本来拥有鲜明的个体化自我，但因为在残酷的环境中不能尊重自己的感觉，最终丧失了个体化自我。

说到这里，请你思考一下：感觉是什么？你一定有自己的答案。

而我认为，感觉是你和一个事物建立关系时的产物，分为身体感觉、情绪情感，以及一些莫名的感觉。

关于感觉和自我，精神分析学家科胡特有一对术语——"真实自体"和"虚假自体"。如果一个幼童基本上是在围绕着妈妈的感觉转，那他就会形成虚假自体；如果他基本上能尊重自己的感觉，那他就会形成真实自体。有真实自体的人，会感觉到自在。有虚假自体的人，不管看上去自身的功能多么好，都会感觉不自在。敏感的人也会感觉到他们不真实，觉得他们有些假，而且和他们之间像是隔着什么似的，难以碰触彼此。

有虚假自体的人还会产生一个关键问题，那就是会向思维认同。他们会觉得，"思维就是我，我就是我的思维"。对比来看，有真实自体的人，他们自我的内容是活生生的体验；有虚假自体的人，他们自我的内容则是剥离了体验的思维。

实际上，"真实自体"和"个体化自我"的概念基本等同，只是心理学家提出的不同的词汇，可以帮你从不同的角度来理解一件事。形成真实自体的条件，与形成个体化自我的条件是一样的。

真实自体的功能

如果父母或其他养育者想爱孩子，想培养孩子的个体化自我，那可以有一种基本意识：在孩子的事情上，我是尊重他的感觉，还是想把自己的意志强加给他？或者说，如果从孩子的角度看，孩子是"我"，养育者是"你"，那么，养育者到底是允许"我"从"你"的世界脱颖而出，还是"我"要消融在"你"的世界之中？

这样看可能会觉得很抽象，下面来举个例子。

我有一位来访者是一位女士。在她十来岁时，父亲去世了。在此之前，父亲也总是出差，和她在一起的时间不多。这意味着她一直和妈妈在一起。她成家后，妈妈也继续和她住在一起。

在一次咨询中，我们谈到了她和妈妈的关系。她说，她感觉自己像是被黏住了，又像是掉入了一个泥沼，她想脱离这种状态，但怎么也脱离不了。

还有一个非常有意思的情况是，她后来开始学习心理学，但在我面前，她显得好像没有什么光芒，我极少看到她在心理学方面的天赋。然而，和同学一起时，她却可以释放自己的光芒，并且常常令同学们为她的天赋感到惊叹。她说："我觉得在你面前谈心理学，像是对你的一种巨大的冒犯。我根本不敢想象有一天我会像你一样，在心理学方面取得巨大的成就。"

我们来看看这位女士想表达的意思。我的确是有点名气，但名气这种东西是远看时才会有的，而我和她的咨询关系是非常近的关系，她其实能看到我作为一名心理咨询师的完整部分——既有一些优点，也有明显的缺点。但即便如此，一想到要和我比高低，她就觉得这是非常恐怖的事情。

非常有意思的是，这种情况后来发生了变化。这位女士在工作中遇到了一位能力很强的领导，领导一直和她平等相处，而且允许她挑战自己的权威。当两人有不同意见时，这位领导也总是能看到她的可贵之处。当然，如果她错了，领导也会指出来。这位领导是真实地欣赏她。结果，这位女士开始在工作中绽放自己，她发现自己的能力几乎在方方面面都提升了至少一个层次。此前，她根本不敢想象自己会有这样的能力水平。

从精神分析的角度来看，在她身上，原来的虚假自体是非常明显的——她非常有礼貌，也有不错的情商，但所有人都觉得她难以接近，她自己也觉得她的样子是使劲"装"出来的。

但在这位领导的带领下，她的真实自体率先在工作中展现了出来，就像她的光芒把一个虚假的壳给彻底戳破了一样。而且，她在工作中体验到了自在。无论是做事，还是和同事、领导相处，她都变得非常尊重自己的感觉，总是能不假思索地表达自己，同时能做到不伤害他人。但是，即便真的需要她去做一些有伤害性的事，例如辞掉不适合的员工，她也能做得游刃有余。

这就是真实自体的功能，它比虚假自体效率高很多。后来，我和这位女士的咨询也变得简单了很多，我们不断地探讨，她与其他人的关系和她与这位领导的关系有什么不同，她在工作中的体验能否移植到其他关系中，如果不能，是卡在了哪里。

其实，举这个案例就是想帮助你理解，孩子与好的父母的关系跟这很像。好的父母对孩子，和这位领导对她一样，都有容器功能——你把事情做好了，认可你；你受挫了，支持你。而且，你可以冒犯我，我不需要你因为服从而消融在我的世界，我愿意看到你脱颖而出、一飞冲天，逐渐脱离我的怀抱。这还可以概括为：**我愿提供支持给你，同时，我也接受你颠覆我。**

思考题

你是如何看待"感觉"的？你又能否做到尊重自己的感觉呢？

04 自我实现，发挥个体化自我的功能

本章我们用三节的内容讲述了个体化自我，那形成个体化自我到底有什么作用呢？这一节，就来谈谈个体化自我的功能。

从本书的开始读到现在，相信你已经看到，从动力的诞生到意志的诞生，再到抽象自我的诞生，都是非常重要的心灵升级。那你有没有想过，升级自己的心灵到底是为了什么呢？

我认为，这至少有一个极为重要的功能，就是能让我们有一颗更加坚韧的心。只有这样，我们才能进入更复杂、更真实的激烈竞争。

前面讲过，精神分析学派认为，三到六岁的孩子会进入俄狄浦斯期，也就是恋父恋母期，男孩想和爸爸争夺妈妈，女孩想和妈妈争夺爸爸。如果不太了解这个理论，你肯定会觉得难以接受这种观点。但我要告诉你，可以把这种竞争理解成社会竞争的雏形。在俄狄浦斯期的竞争中，孩子既要把自己的竞争欲伸展出去，又不能真的成功，毕竟竞争对象是自己的父母。所以，他们还要学习和异性父母的合作与和解。当孩子能处理好这种竞争与合作的关系后，他们在处理家庭以外的竞争合作关系上就有了一个很好的基础。

实际上，三岁前的孩子和妈妈的关系中，竞争要更激烈，但这主要是想象层面的；而俄狄浦斯期，当父亲介入后，这时的竞争就是看

得见的，是现实层面的真实竞争了。孩子必须有一颗坚韧的心，才能展开俄狄浦斯期的竞争。在此之前，最理想的情况是孩子已经形成了个体化自我。

自我的外壳

自我有两个部分，即外壳和动力。最好的自我结构是什么样的呢？如果让我来形容，它有像人的皮肤一样的外壳，这个外壳既有保护作用，又能和外界进行敏感而充分的互动；它内部的动力是自在流动的，像有生命力的水流一样。下面就来分别说说这两个部分。

先看外壳，自我的外壳是非常重要的。

举一个我自己的例子。有一次，我在不断深入自己的潜意识之后，潜意识的深渊吓到了我。于是，我去向一位资深的心理咨询治疗师请教。他告诉我，探索潜意识，或者说觉知心灵，是一件非常危险的事，需要有一个结实的自我能包住这些内容。

他的话让我很有收获。其实，不仅探索潜意识需要有一个心灵的外壳，我们平时也一样需要。在咨询工作和生活中与人深度对话时，我好像能感受到每个人不同的自我之壳，而基本上每个人也都对自己的自我之壳有自己的形容和理解。

例如，有来访者告诉我，他觉得自己被困在了监狱里。这个监狱有门也有锁，但他一直觉得门上的锁是打不开的。有一天，他在梦中发现，监狱里有开锁的钥匙，而当他去开锁时，发现锁已经被打开了。而且，这把锁不是在门外，而是在门里面。也就是说，这把锁最初是他从里面锁上的，不知不觉中，他已经打开了，但还没有意识到。

为什么要锁上？因为不安全。为什么要打开？因为渴望别人能走进来。在做了这个梦以后，这位来访者明白了，其实是他不愿意主动走出去。因为这样就意味着是他发出了走出去找人的动力，而如果这份动力被挫败了，他就会感觉很恐怖，甚至会受伤。他期待的是他主动打开门，由别人来找他。在我的帮助下，他明白了这个梦的含义，也明白了应该自己主动走出去。

关于自我之壳，我在常年的咨询过程中还发现存在另一个方向的极端意象，那就是有人会觉得自己是没有皮肤的，是裸露在风中的。我认为，有这种极端意象的人只有破碎的自我。他们不能保护自己，甚至暖风也会让他们感觉疼。也就是说，即便别人温柔地靠近他们，他们也会感到痛苦和敌意，同时会控制不住自己去攻击别人。

除此之外，还有些人关于自我之壳的意象是像皮肤，但又与皮肤有质的差别。例如，很多人觉得自己像是被困在一个塑料薄膜里，他们能从薄膜里看到外部世界，看得还算清楚，也能隔着这层薄膜碰触、感知别人，可这当然还是有隔绝感的。有时他们会想撕掉这层薄膜，但这时他们会发现，这层薄膜无比坚韧，根本撕不破。这种感觉也令人觉得很恐怖。

但是，如果是另一种意象的皮肤，那就会是最好的自我之壳。这种皮肤和自己的身体有机地结合在一起，就像是身体的一部分，可以和外部世界有非常好的互动，敏感而又灵活。

内在的动力

动力如果被自我之壳包裹着，也会变得很不一样。最好的状态是，内在的动力既像肌肉，又有血脉，而且比这个更灵活。你会感觉到，这些动力有时就像水流一样，在美妙地流动着。

人的动力有三种，包括自恋、性和攻击性。虽然我们容易将这三者视为不好的东西，觉得要去控制、压制它们，但如果你体验过它们酣畅流动的感觉，就会知道那有多迷人，甚至还会上瘾。无论是自恋、性和攻击性中的哪一种动力能酣畅流动，人都会产生高峰体验。

"高峰体验"是美国人本主义心理学家亚伯拉罕·马斯洛（Abraham Maslow）提出的一个经典术语。马斯洛发现，自我实现者常常会说自己拥有一种特殊的生命体验，"感受到一种发自心灵深处的战栗、欣快、满足、超然的情绪体验"，由此获得的感觉就像光一样，照亮了他们的一生。这种体验持续的时间虽然很短暂，但深刻无比。

我甚至可以用更极致的语言来形容这一切——当一种动力全然流动时，你会产生神性的体验，会觉得自己的自我之壳消失了，"我"也消失了，你进入了一种"无我之境"，会体验到"我就是万物、万物都是我"的合一感。

动力与规矩

将这个道理放到养育孩子和对待自己上，我希望你能明白，**动力的流动，要比规矩重要很多。**

我认为，我们之所以想立规矩，至少有两个原因：第一，担心自恋、性和攻击性这些动力是破坏性的坏东西，觉得如果它们流动起来，就会伤害别人。第二，这些动力能比较好地流动的人会变得厉害、不太好管。用前面讲的人性坐标体系来理解，就是这样的人容易在力量维度上发展起来，于是不太愿意居于下位，不愿意听话。

但是，比起人对动力流动的需求，这两个原因就显得没那么重要了。

人活在这个世界上，需要有一种基本感觉——我可以带着主体感，也就是"我是我生命的主人"的感觉，走入外部世界。如果没有这种感觉，人就会宁愿把自己封闭起来，退到一个相对孤独的小世界。这样的小世界，无论在别人看来有多么不合理，对自己而言都有巨大的意义——在这里，我是主人。

例如，最近几年，每当我回到老家时，总有村里或邻村的人来向我求助，说他们的孩子从大城市回到家里后都不愿意出门了。我发现，这些孩子有中学生，也有二十多岁的成年人。可惜的是，我不能对他们从心理学的角度进行很好的干预，因为心理咨询工作要建立在来访者承认自己有问题的基础上，并且他们要愿意为之付出努力并寻求改变。而这些年轻人，是他们的家人来向我求助，他们自己通常并不愿意面对自己的问题。

我通过观察发现，这些年轻人其实是在激烈的竞争中落败下来，觉得没有希望了。用这一节的内容来说，就是他们觉得没有希望把自己的生命动力外化了，于是选择了退回到一个很低的位置上，或者退回到封闭的小世界中。

如果你不希望自己的孩子或者自己有一天也变成这样，你就需要在这个世界中展开你的动力，这比规矩、纪律重要得多。懂得遵守规矩，能让人和这个世界的冲撞变得轻一些，但如果这些来自外部世界的力量彻底主导了一个人的行动，那他就容易选择严重的自我封闭。

简单来说,你必须懂得,你的个体化自我非常宝贵,而人活在这个世界上,不是生来就要去顺从的。

温尼科特有一句话说得非常好,这一句话胜过我这么多絮絮叨叨。他说,**在养育孩子的过程中,"需要一个不会报复的人,以滋养出这种感觉:世界准备好接纳我的本能喷涌而出了"**。愿你能滋养出这样的孩子,也能滋养出这样的自己。

思考题

学习了本章的内容,你有什么新的收获吗?

第七章

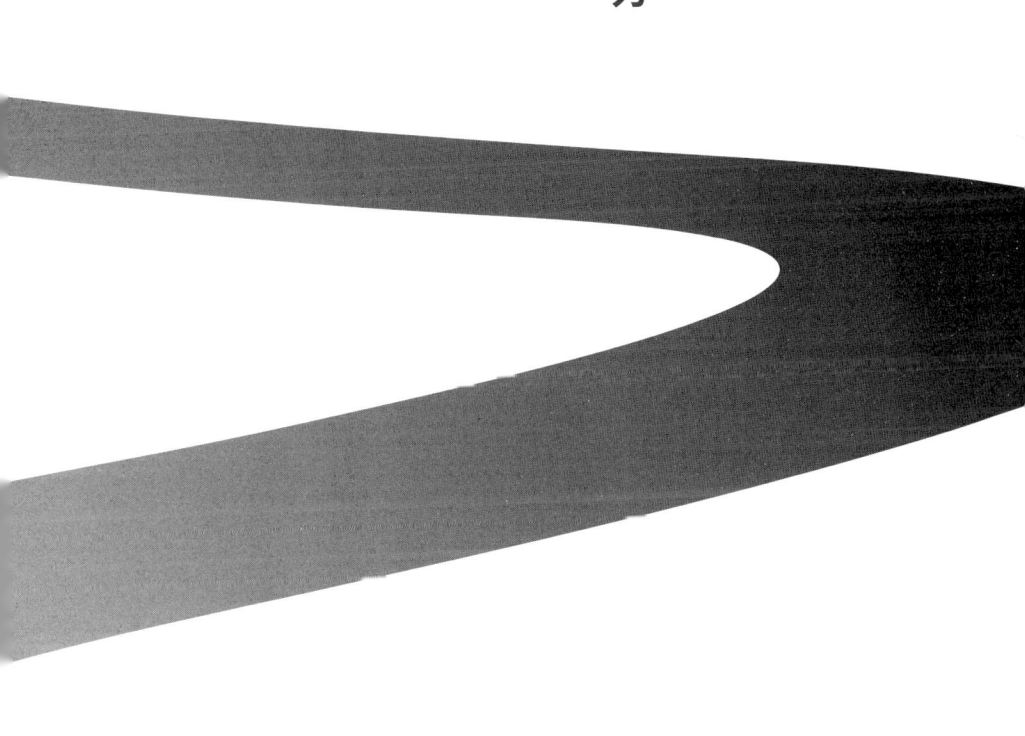

初步试炼你的能力

你是我心绪围绕的长空,
是爱中之爱,
是我复活之地。
——鲁米

引论　家庭是社会关系的原型

本书前六章一直在讲孩子三岁前的母子关系，到了这一章，才引入父亲的角色。至此，孩子开始步入三元世界。

在这之前，孩子一直处在母爱怀抱中。虽然他们已经开始试炼自己的力量，但母爱怀抱是一个初级且简单的演练场，母亲会被孩子感知为自己人，父亲则会被孩子感知为外人。

父亲、母亲和孩子构成了一个复杂的三元关系，这是一切社会关系的原型。

三元关系的意义

二元世界，或者说三元关系，到底有什么意义？

我曾经在微博上见过一些极端的所谓女权主义的观点，比如："为什么非要父亲加入？父亲只是提供了一颗精子，母亲现在不缺物质，社会也越来越能为母子关系提供支持，要父亲干什么？"

的确，现在出现了很多讽刺性的新名词。比如"丧偶式育儿"，是说父亲在育儿过程中就像不存在一样，育儿成了母亲一个人的事。再比如更糟糕的"诈尸式育儿"，是说需要父亲帮忙的时候，他不在，但他又时不时跳出来指责母亲和孩子。这样的父亲不仅一直在添乱，还想要主导权。如果真遇到这些情况，父亲简直就是来剥削母亲和孩子的，那确实就要问"要这样的父亲做什么"了。

不过，这些都是糟糕的情况。正常情况下，父亲的存在会让孩子天然地处于一个复杂的三元关系中，这有助于孩子心灵的进化。

当然，三元关系不只限于此，它其实无处不在。例如，当你和一个人发生冲突时，如果只有你们俩彼此争斗，你会发现很难判断尺度。这时，你很容易就会想到去找一个第三方来评断一下。这就是三元关系。

对应到孩子和父母的三元关系中，并不是说父亲就像类似于裁判的第三方，而是说当父亲与母亲或孩子发生冲突时，另一个人可以做第三方进行评断。这也就是为什么说父亲的介入让孩子进入了三元世界。

现实世界中充满了各种各样的三元关系，所以，我们要学习如何在这种复杂的关系中既能展开自己的竞争欲，又能与人合作，还能掌握各种分寸。最初的三元关系就是父母与孩子的关系，孩子可以充分地学习，这是孩子进入真实社会前的一个重要的演练场。

竞争与合作

在家庭港湾（三到六岁）的阶段，孩子需要完成的是竞争与合作，以及对规则的遵守与挑战。

如果把孩子比作小鹰，那么，自闭期的婴儿就像还在鹰蛋中；共生期，即进入母爱怀抱后，孩子就像刚孵化出的小鹰，看上去还像是只无害的小鸡；分离与个体化期的孩子，就像开始长出了羽翼、尖牙和利齿的小鹰。

但是，这样的小鹰还需要不断磨炼自己的攻击力，而三到六岁的俄狄浦斯期就是这样一个阶段。孩子需要在和父母的关系中磨炼竞争力，又要学习合作。在和妈妈的二元关系中，孩子还不太敢这么做，只有当更有力量的父亲进入亲子关系后，孩子才可以大胆展开攻击性。

01 关系，父亲是外部世界的象征

在第六章讲到无条件积极关注时，我们完整分析了女孩 M 的案例。这一节，再来看看这个案例，来谈谈父爱和母爱的不同。

融合 vs. 秩序

在 M 和妈妈修复好关系之前，她和爸爸的关系还不错，可以打到 60 分以上，和妈妈的关系则只能打 30 分。不过，当和妈妈的关系得到修复，甚至实现了部分共生后，她对爸爸越来越不满。因为她发现，妈妈对她几乎是完全接纳的，但爸爸会对她有所挑剔。作为旁观者，我必须得说，爸爸对她的挑剔其实并不多，我甚至觉得爸爸的批评都很有道理。

这是怎么回事呢？我认为，原因就在于父爱和母爱是不一样的。

荣格认为，**母爱指向融合，父爱指向秩序**。在 M 这里，就是妈妈会由衷地说"你人可爱，做什么都对"，喜欢起来，觉得女儿怎样都是好的；可爸爸会说，这是好的，那是坏的，这样是对的，那样是错的。

荣格还认为，**女性天然是情绪化的，男性天然是重逻辑的**，男性需要向女性学习情绪的感性力量，女性则需要向男性学习逻辑的理性力量。感性的情绪和母爱指向融合是联系在一起的，理性的逻辑和父爱指向秩序也是联系在一起的。

如果是在情侣关系中，理性的逻辑要去理解情绪，不能轻易切断情绪。因为哪怕逻辑看上去再高明，也不能建立关系中的联结。**能够建立联结的力量，来自感性的情绪。**

而在亲子关系中，母爱的情绪力量带来的巨大好处是，让母亲能与孩子建立充分的联结。只有具备这种不带评判的力量，母亲才有可能与婴幼儿建立起共生关系。如果动不动就去进行理性认识，使用逻辑的力量，反而会破坏这种联结。

所以，对强烈需要共生的M来讲，认为她可爱、她做什么都对的母爱太重要了。没有这样的母爱，她就难以走出自闭之壳。

但是，当她的动力越来越能伸展时，她就需要逐渐与妈妈分开。对孩子来说，这一点会非常明显。但M是一个成年人，她的分离与个体化，可以说是和共生需求得到满足搅在一起的——当她受不了妈妈时，她还有丈夫；当妈妈受不了她时，也可以去找她爸爸。

父亲与三元世界

从孩子的角度来看，父亲在孩子三岁前并不重要。这是客体关系理论家一致的看法。这里说的"不重要"，是指父亲不容易直接对孩子发挥作用，孩子也更在乎母亲。你看，我们一直在讲玛格丽特·马勒的理论，而她在讲三岁前孩子的心理发展过程时，确实没有关于父爱的论述。

但其实在这个阶段，父亲也有极为重要的价值，那就是给妻子提供保护和支持。只有这样，母亲才能更好地容纳孩子。这就是前文提到的，孩子的蛋壳有两层，在母亲需要专注地去做软壳时，父亲就要做那个坚硬的外壳，去保护妻子和孩子。

在这个基础上，父亲能对三岁后孩子的成长发挥重要作用。父亲的存在可以撑开母子关系，让孩子活在三元世界中。如果用几何图形来理解，可以认为：在共生期，孩子与母亲彻底融合，就像一个圆，这是一元世界。在分离与个体化期，孩子与母亲的关系就像一条线，这是二元世界。三岁之后，孩子进入俄狄浦斯期，这时的关系世界就像一个三角形，即三元世界。这时，如果没有父亲的存在去撑开这个世界，母子的分离就有可能会失败，进而退化到一元世界。

作为一名心理咨询师，我见过很多母子彻底融合的案例，其中大多数不是孩子想和母亲融合，而是母亲离不开孩子。而且，很多案例的原因都是母亲自己在幼年时的共生需求严重没有得到满足，于是想在孩子身上寻求这种满足。

我还见过非常严重的案例——母亲不允许孩子找心理咨询师，孩子也因为被母亲严重吞噬而很难迈出做心理咨询的这一步。共生关系是严重排外的，在这种情况严重的个案中，母亲通常会把丈夫也赶出母子关系，不让父亲对孩子产生影响。这很容易导致离婚，就算不离婚，父亲在家里也会像一个影子一样，极度没有存在感。

普通成年人是不会希望和谁严重共生在一起的。温尼科特认为，能充分满足婴儿共生需求的母亲是特殊的，但只要孩子大一点，母亲也会想脱离这种共生关系。而在这个前提下，父亲的存在就非常重要了。

我们来想象一个场景。妈妈和孩子发生了冲突，两个人都很激动。这时，如果丈夫站出来说，"来来来，老婆，你离开一会儿，我陪陪孩子"，或者对孩子说，"你离开一会儿，我和你妈待会儿"，就会很有用。当然，父亲的作用远不止于此。

前面讲过，当关系只是"我"和"你"的二元关系时，作为母亲的"你"就象征着外部世界，作为孩子的"我"则象征着内部世界。但是，当进入"我""你""他"的三元关系时，母亲就变成了内部世界的一部分，父亲才是外部世界。这就引出了一个根本性的隐喻——父亲是外部世界的象征。

关于父亲，有一个说法是，**你与父亲的关系决定了你与社会的关系**。意思是，一个人和父亲关系好，就能比较好地融入社会；和父亲关系不好，就会比较难以融入社会。这是因为社会就是外部世界，而父亲是最原始的外部世界，是外部世界的象征。

如果父亲能与孩子建立起足够好的关系，孩子在进入社会时就会容易很多。当然，最好的情况是父亲已经比较好地适应了社会，融入了社会。

父亲的努力

父爱与母爱还有一个巨大的不同。母爱像是天然就有的，通常情况下，孩子天然都会爱母亲，这种爱一出生就有，因为当他在母亲肚子里时就已经与母亲有了无比深刻的联结。但父爱不行。父亲想让孩子感受到自己的爱，以及让孩子也对自己产生爱，需要付出一些努力。父亲不能什么都不做，或者做得非常简单，不能等着孩子来和自己建立密切的关系。

来看一个现实的案例，亚马逊的创始人杰夫·贝佐斯（Jeff Bezos）的经历。贝佐斯三岁时，生父特德·约根森（Ted Jorgensen）就离开了他，他一直和继父生活在一起。直到贝佐斯功成名就后，有记者去采访，约根森才知道原来那位世界顶级富豪是自己的儿子。约根森是一家自行车修理店的店主，生活贫困，生前想和儿子取得联系，但一直没有成功。等他死后，贝佐斯才到他的墓前看望。

另一位知名人物，苹果公司的创始人史蒂夫·乔布斯（Steve Jobs），也是一出生就被亲生父母送人了，而养父母对他很好。乔布斯最终承认了自己的生母，但一直没有承认生父。

在做心理咨询的过程中，我见过很多情况没有这么严重的案例。例如，孩子从小就离开父母，跟着其他养育者，如爷爷、奶奶、保姆等生活。长大一些后，再回到父母身边。这时，母亲通常比较容易和孩子恢复情感，但很多父亲容易表现得很急迫。他们最初也做出了一些努力，可看到孩子没有给予回应，他们就很快放弃了。有些糟糕的父亲还会反过来指责、攻击孩子，结果导致孩子对他们更加反感，父子之间就像变成了仇人一样，甚至一辈子都没法修复。

其实在我看来，容易气急败坏的父亲本质上也是一个宝宝，他们期待孩子能给自己回应，希望自己稍一努力，孩子就能爱上自己。但这是不可能的。你想一想，母爱能住在孩子心里，需要的不仅是怀胎十月生育孩子，还需要在孩子三岁前给他稳定且高质量的爱。父爱当然也是这样。如果想让父爱住在孩子心中，父亲就需要做出同等级别的努力。

爱，从来都不简单，不可能一蹴而就。

思考题

请回忆一下爸爸给你"外部世界的象征"的一件小事,他是如何让你从他身上看到更大的世界的?

02　竞争，父亲是所有敌人的原型

上一节讲了父爱与母爱的不同。孩子对母亲的爱像是自动获得的，当然，这其实是靠母亲怀孕、分娩、哺乳和陪伴换来的。比起母亲，父亲更需要努力。不仅如此，父亲的存在还有一个重要的意义，那就是承载并化解孩子内在的敌意。对于这一点，美国神话学家约瑟夫·坎贝尔（Joseph Campbell）有一个经典的说法——父亲是所有敌人的原型。这一节，我们就来谈谈这个问题。

父亲是所有敌人的原型

关于父亲是所有敌人的原型，有一种简单的理解。最初，当孩子还处在与妈妈的共生关系中时，他会把妈妈觉知为自己内部世界的一部分，而爸爸不仅是外部世界的象征，也是想从外部世界闯入这种共生关系的"敌人"。

这不难理解，因为任何想要闯入高度共生关系的人，都会被想控制这个关系的人视为敌人。例如，很多婆婆仇视儿媳，因为她们想和儿子共生在一起，儿媳是破坏这种共生关系的人，自然就会被视为敌人。

为什么说父亲可以化解孩子内在的敌意呢？当一个人内心充满敌意时，必然要去寻找外在的敌人，这叫作"投射"。当某个外在的关系能容纳并转化这份敌意时，这个外在的转化又可能会被他内摄进来，于是，他内在的敌意就被转化了。

这是一种非常重要的机制。所以，父亲最初被孩子视为敌人并不是一件坏事。毕竟，不管母子关系是一元关系还是二元关系，在容纳敌意上都很困难。

我们可以把敌意理解为死能量。前文提到过，动力原本都是中性的，当表达动力失败了，就会变成死能量；表达成功了，就会变成生能量。

一元关系完全接纳不了死能量，因为在一元关系中，人们觉得死能量会把自己杀死，所以要把敌意完全排挤出去。例如，我的一位男性来访者觉得自己是天底下最好的人，周围的人都是坏人。还有些人稍不如意就会暴怒，这都是因为他们的心灵完全容纳不了死能量，要拼命地把死能量向外投射。

二元关系就会好很多，毕竟，当和母亲建立了密切关系后，孩子会觉得向母亲扔一些敌意是可以的，母亲能接得住。不只是亲子关系，其他亲密的二元关系也一样。

不过，如果只有二元关系，人们还是不敢向对方扔太多敌意，例如恨意。因为假如你的生命中只有一个珍爱的人，你就不能恨他，你会担心一旦表达出了恨、敌意等死能量，对方就有可能会被杀死，这太可怕了。所以，最好是在二元关系之外，找另一个人去恨。

如果找一个普通人去恨，由于对方根本没有必要容纳并转化你的恨，因而他可能会报复你，也可能会转头就走。但如果这个人是你父亲呢？你是他的孩子，这就变得很不同了。

爱恨的表达

看到这儿，你可能还没有完全理解。所以，下面来想象一种情况。当然，这对很多人来说可能就是真切的感知。

你和我正处在二元关系中，我们都觉得这个世界上我只在乎你，你也只在乎我。这时，我们之间很难有表达和容纳恨的空间，我们都会觉得对方完全是好的。一旦有恨意升起，你会感觉这个关系好像一下子变得全坏了。或者说，你的恨意会让你惧怕，因为你好像要去杀掉我一样。

你看，在这样纯粹的二元关系中，爱和恨都是直截了当的。你一表达出来，就希望直接传到对方那儿去。表达爱，对方得立即接住；表达恨，对方也得接住。接不住，这种恨意就会反弹到自己身上。所以，二元关系很迷人，但它的张力可能也是极大的。

可一旦变成三元关系，情况就不同了，因为爱和恨可以绕弯了。你可以分化爱和恨，把爱表达给在乎的人，把恨表达给不太在乎的人，这样就可以保护好的关系了。

我认为，孩子在三岁前会产生很多敌意，甚至是恨意。因为他们太过无助，即便有妈妈等养育者尽心尽力的呵护，他们也依然有很多动力和意志不能实现。把这些敌意和恨意憋在内在世界是很不舒服的，不如表达出来。

这时的表达很重要，因为孩子的力量太小，就算他们全力表达自己的攻击性，对父亲造成的伤害也很有限。我们得理解，父亲力量大、块头大，能与孩子玩攻击与被攻击性相对更高的游戏。我在博客上和网友探讨过这个问题，至少有两位父亲对我说，这下他们总算明白了为什么孩子曾经对他们说："爸爸，不知道为什么，同样的事，妈妈干了可以，你做了就是不行。"

"敌意""恨意""死能量"等词中都藏着这样一种信息——攻击性是很可怕的。父亲要明白这一点，然后欢迎孩子投射敌意，陪孩子玩攻击与被攻击的游戏。**当这变成一场打闹时，可怕的部分就被转化了。**

所以我觉得，父亲在面对孩子时可以不用那么小心翼翼。通常来说，父亲也的确没有母亲那么细心。

鼓励竞争欲

我曾经去一个城市讲课，请我讲课的朋友说，听课的人中会有一个难缠的小青年，让我留意一下。果真，当我面对二十来个年轻人讲课时，其中一个帅小伙儿把脚翘在桌子上，向我表示挑衅。后面我讲到的话题刚好和孩子对父母的挑衅有关，这好像搞得他有些尴尬，也可能是我的有些话说进了他心里，没一会儿他就把脚放了下去。

课后，这个青年过来和我交流。他说："武老师，我们家有个规矩，凡是我爸爸做的决定，永远都是对的；凡是我做的决定，永远都是错的。"我本来以为是父亲在刻意打压儿子，但仔细聊了聊之后，我才发现不是这样的。其实是这位父亲的确太厉害了，他能力太强，就算不故意与儿子竞争，最终也给儿子造成了这种感觉——我永远都没有老爸厉害。

后来，这位父亲也来到了我的培训课堂。他在和我的谈话中提到了一件事。儿子小时候有一次和他玩拳击游戏，玩着玩着，他不小心摔倒了。几乎同时，儿子一拳打在了他身上。在倒下去的那一刻，他从儿子眼里看到的是极度的失望。

这位父亲对这件事的理解是，他让儿子失望了，让儿子受伤了。所以他下决心，以后再也不让儿子失望。他本来就是一个很厉害的人，朋友常用"完美"来形容他，而这次拳击事件之后，他变得更加无可挑剔了。这才导致出现了前面那个家庭规矩——凡是爸爸做的决定，永远都是对的。

自恋是人的根本属性，每个人都想在力量维度上充分释放自己，所以天然地想和任何人竞争。人们先和母亲竞争，然后和父亲竞争，也包括和其他人竞争，例如兄弟姐妹之间竞争。父母需要清晰地意识到这一点，不能把这种竞争视为洪水猛兽去打压，相反，要鼓励孩子表达自己的竞争欲。

到了俄狄浦斯期，这种竞争欲会变得非常明显。所以父母，特别是父亲，可以在各种竞争游戏中让孩子偶尔赢一下。当然，也不必做得太过，不用总是假装输掉。我认为，可以把这当作一个半想象的游戏，父母和孩子都有输有赢就好。这样可以让孩子充分体验在力量维度上起起伏伏的感觉，既能享受在高位的感觉，又能承受有时降到低位的状态。

对俄狄浦斯期经典的解释是，男孩想和爸爸争夺妈妈的爱，女孩想和妈妈争夺爸爸的爱。这一部分非常复杂，本书就不展开阐述了。不过我认为，可以把俄狄浦斯期的任务理解为让孩子学会竞争与合作。

孩子的内在世界本来藏着很多浓烈的敌意，他们惧怕这些敌意的表达，惧怕会对别人，特别是对自己最爱的父母造成巨大的伤害。但当孩子发现这不是真的，发现父母可以容纳这些敌意，并且这些敌意能在关系中被接纳、转化时，它们就会成为一种活力，既可以滋养关系，也可以滋养孩子。当获得这种感觉时，孩子就会感觉到自己的竞争欲被祝福了。

思考题

已经成年的你，能不能顺畅地表达自己的竞争欲？你遇到过什么样的困难？

03 规则，关系中要有"神圣第三方"

这一节来谈谈规则。前面讲到了三元关系，这里要提醒你的是，把父亲视为关系中的第三元，并不意味着只有构成实实在在的三方力量才叫三元关系。实际上，在更多时候，这个第三元是以规则的形式存在的。

两种规则

规则有个好处，就是当规则很清晰时，相关的人都会知道分寸和边界在哪儿。相反，当规则不清晰时，边界也是模糊的，甚至是混乱的，人也就不知道该怎样把握分寸，进而会产生很多焦虑。

举一个我亲身经历过的例子。前不久，我去买了一台比较贵的相机，在和店老板聊天时，他告诉我他的很多客户都很有钱，而这些客户常常表达这样一个观点：我并不在乎钱，但我在乎自己会不会被骗。比如，某个客户花四万块钱买了一台自己喜欢的相机，这是他心仪已久的，拿到后很开心。但和另一个人聊天时，对方说："啊，我也买了这款相机，只要三万七千块。"对这个客户来说，三千块钱其实根本不算什么，但他觉得自己被骗了，因此产生了强烈的羞耻感和愤怒。

我认为，这不是钱的问题，而是边界的问题。当边界清晰时，我是我，你是你，我没有侵犯你，你也没有剥削我。当边界变得模糊、混乱时，人就会花很多时间和精力去想我有没有侵犯你的边界。而如果一个人发现自己的边界被侵犯了，哪怕受损害的实际利益并不多，没有守住边界的感觉也会让他产生强烈的羞耻感和愤怒等情绪。

依照荣格的说法，母爱指向融合，父爱指向秩序，而这会导致两种规则。如果母亲喜欢制订规则，那很容易变成不管大小，什么事都得按照她的想法来。如果父亲制订规则，则相对更容易制订一些粗糙但重要的规则。可以说，**父亲可能有专制色彩，但他们是真有规则；母亲的规则容易是模糊的，且常和她们的情绪联系在一起。**

那两者兼具就是好的吗？想想看，如果一个人既专制又琐碎，制订的规则非常多，同时又很情绪化，那规则的边界就会很轻易地变来变去。这是最可怕的事情，其中的含义是："其实只有一个规则，那就是我想让你怎样，你就得怎样。"这是全能自恋演化出来的规则，也意味着根本没有规则。

基本公平的神圣第三方规则

要想真的形成三元关系，规则必须有一个特点——基本公平。

虽然我们讲二元关系和三元关系，但其实所有关系的基本落脚点都是二元关系。当有基本公平的规则时，双方都被约束，就形成了三元关系。这就像一个三角形，关系双方是三角形底端的两个角，基本公平的规则则是三角形上端的角。这样的规则，我把它叫作"神圣第三方规则"。

只有基本公平的神圣第三方规则，才能把二元关系变成三元关系。如果规则不公平，主要是用来维护其中一方的，那它就会成为一方的帮凶，二元关系就会坍塌成一元关系，其中一方会被另一方吞没。

一元关系中的焦虑最大，因为被吞没的一方会觉得自己被杀死了，心灵会被死能量充满；而掌握一元关系的另一方也会担心对方反扑，所以要时刻保持警惕。三元关系中，因为三方形成了一个三角形，所以有了空间，这份焦虑也就会被化解很多。

在亲子关系中，一定要注意，规则不能只用来约束孩子。例如，整天玩手机的父母给孩子制订不能玩手机的规则，这就不是神圣第三方规则。不管用什么说辞，例如"你还小，现在不行，等你大了就可以了"，都不能让孩子感到信服，他只会觉得自己是被压制的一方。虽然大人可以用言语暴力甚至是身体暴力来逼迫孩子服从，但那也只是服从而已。一旦有机会，孩子就会想办法破坏这种服从。

与神圣第三方规则对立的，是权力规则。这是指规则就是不平等的，就是我用来压制你的，你不服从，我就会对你实施暴力。权力规则只能用来增强"我"的力量，压制"你"的力量。例如，听话就是一个权力规则。下面来看一个案例，它来自催眠大师米尔顿·艾瑞克森（Milton Erickson）的《催眠之声伴随你》（*My Voice Will Go with You*）一书，是发生在艾瑞克森家里的一个故事。故事中，主人公是他自己、他的女儿，还有他的外孙女。

一个周日，我们全家人正在阅读报纸，我的外孙女克莉丝汀走向她的母亲贝蒂，一把抢过母亲手中的报纸并扔在地上。贝蒂说："克莉丝汀，这可不是个好行为，把报纸捡起来还给妈妈，再向妈妈说声对不起。"

"我不需要这么做。"克莉丝汀回答。

家中每个成员都提出了同样的要求，也都被她用这句话挡了回来。于是，我让贝蒂把她抱进卧室，放到我身边。克莉丝汀神情傲慢地看了看我就往下爬，我却抓住了她的脚踝。她说道："放开我！"

我回答："我不需要这么做。"

她使劲踢打、挣扎，很快，她挣脱了一只脚踝的束缚，我立刻握住了她另一只脚踝。这是一场奋不顾身的战争——犹如两个大力士之间无声的较劲。经过四个小时的奋战后，她终于认输了，转而对我说："我去捡起报纸还给妈妈。"

我趁机使出杀手锏："你不需要这么做。"

她的小脑袋开始快速运转，急忙说道："我会捡起报纸。我会还给妈妈。我会向妈妈道歉。"

我依旧不为所动："你不需要这么做。"

她开始全力冲刺，说："我会捡起报纸。我要捡起报纸。我要向妈妈道歉。"

我说："很好。"

在这个故事中，艾瑞克森是在做一面镜子，让外孙女看到自己在做什么，而且帮助她完成了一个转变——从"我会这么做"的被迫，变成"我要这么做"的主动选择。这是在维护家庭中的规则，但这是艾瑞克森家中所有人都要遵守的规则，而不是只用来管孩子的。

让活力流动

规则很重要，但它本质上是为了让活力流动。如果规则适度且基本公平，人就会感觉规则就像堤坝，把汹涌澎湃的生命力水流拦住，同时又没有损坏这股水流的流动。如果规则是模糊的，水流就容易肆意流动，就像发生水灾一样。如果规则太多，就有了太多的阻挡，会损坏水流的流动，容易导致堵塞。

对孩子来说，要到三岁之后规则才会变得特别重要。一个重要的原因是，在三元关系中建立规则比较容易。毕竟，在只有母亲和孩子的二元关系中，如果母亲要去建立规则，这就是既当运动员，又当裁判。这时，母亲的规则会让孩子充满严重的焦虑。

例如，我有一个来访者是个女孩，她经常做一个梦，梦里有一轮明亮的月亮在盯着自己，这让她非常不安。我认为，太阳象征着父亲，月亮象征着母亲，所以，盯着她的月亮其实是母亲的化身。随着对她的了解不断加深，我发现果真是母亲对她控制得比较厉害，而且父亲严重缺席。

要等父亲介入，孩子感觉自己进入了三元世界后，哪怕仍然是母亲在制订规则，孩子也会感觉不一样。这时，当自己和母亲发生冲突时，运动员和裁判的角色可以分开了。正常情况下，母亲也会知道，最好是让父亲来做裁判。

不过，如果碰到极为专制的母亲，情况就不一样了。例如，有来访者在讲述自己的家庭环境时说，母亲严厉地攻击自己时，如果父亲想帮自己，母亲就会训斥说："哪儿有你说话的份儿！你以为你是谁？！"如果是父亲专制，同样也是很严重的问题。

在正常的家庭中，会自动分化出运动员和裁判这两个角色。毕竟，正常的父母都更愿意看到孩子开心和成长，而不是一味树立自己的权威。

※

看到这里，我想你已经明白了父亲的价值——他们不仅可以为家庭提供保护，更重要的是，当父亲介入母子关系后，孩子的世界就可能从二元世界进化到三元世界。这对自我的形成非常重要。而在我们和他人构建关系时，制订神圣第三方规则非常有必要，它是我们把握分寸、划清边界的基础。

思考题

如果你正在为某种关系感到焦虑，那你可以看看，关系中的规则是否模糊不清。如果你正处在某种深度且和谐的关系中，也可以审视一下其中有哪些适度的规则。关于在关系中制订规则，你有什么心得吗？

04 分离，家庭是你进入社会前的演练场

按照玛格丽特·马勒的理论，孩子会在三岁时实现与母亲的分离，并完成自己的个体化。但我发现，很多成年人都没有完成与母亲的分离，甚至终其一生都没有做到这一点。下面来看一个社会事件，也是一个看起来有点极端的案例。

2016年，山东德州爆出了这样一个新闻。一位婆婆报警，说自己的儿媳在家里大吵大闹，还砸坏了不少东西。警察到了之后了解到，儿媳之所以大闹，是因为她和丈夫已经结婚三年了，但丈夫居然每个月都有几天要跟婆婆睡在一张床上。婆婆甚至说："反正你已经给我们生了孙子，你和我儿子离婚吧，我跟儿子过就行。"

你肯定会觉得这太不可思议了，不知道怎么会有这样的长辈。这位丈夫也不像个成年人，对吧？可是，在做心理咨询的十多年间，这种情况我还真见过不少。

根据我的观察，这种情况就是因为有太多成年人都没有完成与妈妈的分离，还和妈妈共生在一起。前面讲过很多次，多数时候，这不是孩子的需求，而是妈妈的需求。

一般来说，情况就像这个案例一样：孩子成家后，妈妈会跟着孩子去他的新家，而爸爸未必愿意去。所以，经常出现的结果是，妈妈

介入了孩子的小家庭，而爸爸自己在老家待着。过去，这常见于母亲跟着儿子，但现在，因为独生子女很多，母亲跟着女儿的现象也变得很常见了。

父亲的功能

前面这个案例有一个背景，那就是男方的父亲早早过世，这对孤儿寡母一直相依为命。这增大了孩子与母亲分离的难度。相反，如果父亲一直在，而且正常地发挥了父亲的功能，那他至少可以在三个方面发挥作用，让孩子与母亲的分离变得容易很多。

第一，父亲可以直接把孩子带出母亲包围圈。

不完成与妈妈的分离，孩子就会陷入黏稠的关系泥沼，没法挣脱。这个泥沼，就是母亲包围圈的象征性表达。如果母亲不想放手，想黏着孩子，那孩子想靠自己的力量挣脱的确很困难。但是，如果父亲过来拉一把，事情就会变得容易很多。

第二，父亲作为外部世界的象征，可以减轻孩子对社会的恐惧。

在一元世界中，"我"会把"我"之外的世界都视为敌人。在二元世界中，"我"和"你"之外的世界都是敌人。所以，父亲作为母子关系之外的存在，是所有敌人的原型。孩子和母亲的关系陷得越深，外化完成得越差，对外部世界的敌意和恐惧也就越大，这会严重影响孩子进入外部世界。但如果父亲能承受孩子这种敌意的投射，就能帮助孩子化解敌意，从而降低他进入外部世界的难度。

不过，如果父亲的社会化完成得很差，是一个非常封闭的人，那这一功能会弱化很多，孩子也会对父亲产生很深的失望。所以，关于父亲才会有这样一个说法——最好的父亲是给孩子一个忙碌的背影。意思是，忙碌的父亲虽然通常有可能忽略了家庭，但他们比较好地适应了社会，而这自然会减轻孩子对社会的恐惧。如果孩子以父亲为傲，父亲在社会上是个强者的形象，这就会内化到孩子的心中，于是孩子融入社会的难度也就低了很多。

第三，当孩子离开时，父亲能很好地陪伴母亲，这会减轻孩子对母亲的内疚和担忧。

有两种母亲会黏住孩子，一种是强控制型的，她们主动黏住孩子；另一种是虚弱型的，对于这种母亲，当孩子想离开时，会担心母亲过得不好，甚至会担心没有自己，母亲会死掉。但不管是哪种类型的母亲，只要她们不孤独，有父亲陪伴在身边，情况就会好很多。如果父母感情很好，那就更好了。在这种情况下，孩子就可以比较坦然地离开母亲。

总结来说，**健康的家庭会呈现出相似的画面：父母恩爱地肩并肩站在一起，共同祝福孩子走向独立，去寻找自己的世界。**这也是一些家庭治疗中，做"家庭雕塑"时经常看到的模式。

家庭雕塑

"家庭雕塑"是美国家庭治疗师维吉尼亚·萨提亚（Virginia Satir）创建的一种心理治疗模式。方法是让家庭中的一位成员扮演导演，来决定其他家庭成员的位置。这里的其他家庭成员可以是真实的，也可以是由其他人扮演的，甚至可以用物品代表。治疗师可以通过看对家庭成员摆放的位置、距离，摆放时的肢体动作等，来观察这些成员之间的关系。家庭成员则可以通过这种把关系视觉化的方式，来审视自己的关系模式、沟通模式等。

这就有了前面提到的那个画面，很多健康的家庭在做家庭雕塑时，都会展现出这样的模式。有问题的家庭也有一个普遍的模式——缺席的父亲、焦虑的母亲和有问题的孩子。如果父亲缺席，母亲就容易去黏孩子，就算母亲没有主动去黏孩子，孩子也会选择靠近母亲。这时，孩子常常就不再是孩子，而是变成了母亲伴侣的角色。这在很大程度上意味着孩子的童年结束了。

依照弗洛伊德的理论，在俄狄浦斯期，男孩会和爸爸争夺妈妈，女孩会和妈妈争夺爸爸。反过来，爸爸也会和儿子竞争，妈妈也会和女儿竞争。但是，不少家庭中出现的一个问题是，爸爸干脆离开了家庭，还主动把孩子推向妈妈。这是因为男人觉得妻子的情绪化太可怕了，他接不住，想躲开，甚至想逃走，于是把孩子推过去做安抚妈妈的工作。

我的许多来访者都在这方面有非常相似的回忆：当妈妈痛哭时，爸爸会过来找他们，悄悄对他们说去陪陪妈妈。然后，爸爸就离开了。这样一来，就意味着丈夫逃离了妻子，也逃离了家庭，进而让母子关系变得更黏稠，最终阻碍了孩子走向独立。

如果母亲强大、不孤独，且能很好地适应社会，那么就算父亲缺席，孩子在进入外部世界时也不会很难。所以，前面讲的这些并不是必然会发生的。但不得不说，这对母亲的要求太高了，意味着她们既要当妈，又要当爸；既要承担呵护孩子的软壳功能，又要承担保护孩子的硬壳功能。

总的来说，比较理想的情形是父亲能很好地和母亲在一起，这会让孩子与母亲的分离变得简单很多。

竞争之外的认同

俄狄浦斯期包含的不只是竞争，还有认同。

在俄狄浦斯期，孩子本来想和同性父母争夺异性父母的爱，让这份竞争欲得到伸展很重要。但如果孩子最终发现他不能真的实现这一点，那该怎么办呢？如果孩子和同性父母的关系不错，那他会自己找到一个解决办法，就是向同性父母认同。例如，对男孩来讲，他意识到不能把妈妈从爸爸身边抢走，但他可以向爸爸认同，变得和爸爸一样，然后去找像妈妈那样的女人。反过来，女孩也一样。

别小看了这一点，我认为，这种认同是合作的基础。当然，这种认同的产生还有一个前提，就是父母之间是有爱的。如果父母的关系不太好，孩子要产生对同性父母的认同就会很困难。

*

父母需要意识到，**虽然我们常用"港湾"来形容家庭，但也不能忘记，家庭其实也是孩子进入真实社会前的一个演练场**。在这个演练场上，大人不仅要教孩子遵守规则，懂得合作，同样重要，甚至更重要的是，要让孩子展开他的竞争欲，就像让小鹰可以肆意地伸展翅膀一样。

思考题

请你结合学到的知识以及自己的经历,谈一谈家庭对一个人成长和发现自我的真正作用。

第八章

充分展开你的自我

你生而有翼，
为何竟愿一生匍匐前行，
形如虫蚁？
——鲁米

引论　进入社会熔炉和无限世界

从本书最开始我就讲到，成长像是一个破壳的过程，先破开自闭之壳，进入母爱怀抱；接着，离开母爱怀抱，进入家庭港湾；再从家庭港湾进入社会熔炉；最后，破掉社会熔炉，进入无限世界。

这里面一共有五个阶段，不过你可能已经发现了，本书对这五个阶段在篇幅的设置上很不均衡——自闭之壳和家庭港湾的部分都只占了一章；母爱怀抱是本书的重点，也最有分量，占了五章；而这一章，讲的就是社会熔炉和无限世界这两部分的内容。

为什么这两部分只占一章，跟母爱相关的内容却占了五章呢？首先，本书主要是在讲自我的诞生，而在正常情况下，这是三岁时就该完成的。其次，现代精神分析理论，特别是客体关系理论，把重点放到了母亲和孩子的关系上。精神分析学派还认为，一个人的人格会在六岁前定型，以后就是不断展开它的过程。最后，在做心理咨询的过程中，我观察了很多来访者的案例后发现，的确有很多人是卡在了和母亲的关系之中。

本章的主题是社会熔炉和无限世界。

社会熔炉指的是你所在的社会文化空间，这是比家庭港湾更大的空间。当一个人的成长刺破家庭港湾这个壳后，他就进入了社会熔炉。社会熔炉同样可以被刺破，然后他就进入了无限世界。当你的自我发展到这一步时，你就像在无限的天空中翱翔的雄鹰。而这样的成长，需要一次又一次的"叛逆"。当你在无限世界中翱翔时，你的心中会住着过去获得的所有爱，那是每一层空间对你的容纳。

前面讲到过，孩子先是在和母亲的关系里形成个体化自我，接着，在有父亲参与的三元关系里初步掌握社会化的技能，学会处理竞争与合作的矛盾。现在，孩子可以离开家庭港湾这个容纳性空间，进入现实世界了。

社会熔炉也罢，无限世界也罢，都不像母爱怀抱或家庭港湾一样有那么强的容纳性。因此，进入这里需要一个人既能充分地展开自己的力量，又能处理好复杂关系。就像一只初具杀伤力的小鹰，进入广阔世界后，既要磨炼自己的利爪、尖嘴和羽翼，让它们变得更强，也要学会掌握使用它们的力度。

01　拓宽时空，离开父母给予的港湾

从自闭之壳到母爱怀抱，到家庭港湾，再到社会熔炉和无限世界，这个成长过程其实是空间不断被拓宽的过程。特别重要的是，一个人在成长过程中，需要意识到时间和空间的存在，然后不断拓宽自己的时空。

成长动力的来源

在思考这个问题时，我想到了自己的故事。

从时间上看，我1974年出生，没过几年就改革开放了，所以可以说我是在成长的过程中见证了咱们国家翻天覆地的变化。

从空间上看，我在河北一个普通的农村长大，我家还属于村里的贫困户。我的小学是在村里读的，初中是在镇上读的，高中则是在一个省级重点中学读的。后来，我考上了北大，先在中国人民解放军信阳陆军学院[①]接受了一年军训，然后才去北大本部读书，一直读到硕士毕业。毕业后，我到了广州工作，一直到现在。我觉得，我也算是

[①]　早年间，中国人民解放军信阳陆军学院曾和北大联合办学，北大学子必须在信阳陆军学院训练一年，然后再进入北大深造。

在社会熔炉中充分历练过了。

一直以来，我给自己的定位是"宅男作家"，外加明显的"滥好人"。宅，其实就是封闭，我觉得自己也没有很好地完成外化。不过，这也并不全是坏事。

前不久，我和我的咨询师谈到这一点时，我觉得有些庆幸，庆幸我年轻时不是那么会处理人际关系，所以没有在这方面花太多时间，算是回避了这个难题。那时的我对周围的世界总是不那么认同，所以一直有一种莫名的动力，想到更大的世界去看看。

我对自己的分析是，因为我没有太认同我所在的狭窄的农村世界，所以我的内在有一个不一样的时空。那这个时空是从哪里来的呢？答案其实也简单，从读书中来。

我小时候生活的村子虽然不算偏远，但除了教材，想读到一本好书也是非常不容易的。我有一个哥哥和一个姐姐，哥哥大我八岁，他的教材我全读了，当然，可能没有读懂。姐姐偶尔会往家里拿一些杂志，我也都读了。不夸张地说，我把家里所有带字的东西都读了。

这些书虽然不能算好书，有意思的也不多，但依然让我觉得在我所在的世界之外还有一个世界，我好像能朦朦胧胧地感知到或想象到那样一个世界。这种感知或想象影响了我的一些重大决定。

例如，那时农村孩子中考时都拼了命地去考中专和师范学校，因为考上了，他们的户口就能变成非农业户口了。对那时的村里人来说，这是"鲤鱼跃龙门"一样的升级。几乎所有人都去考，可以想象竞争有多激烈。我上初三时，班里就有一个女孩初中读了九年，不断复读，就为了考上中专。

初三一开始，我的成绩突飞猛进。到了中考时，我的成绩足以让我考上中专师范类的学校了。最初，我的确也受到了影响，很想报考这类学校。但在报志愿的最后一刻，我放弃了这个选择，改报了一所省重点高中。可以说，我和同学们的命运在那一刻就变得不同了。

我的好几位初中好友学习成绩都很好，他们都一门心思考中专，最后大多也都考上了。可你一定知道，随着社会的发展和开放，农业户口和非农业户口越来越没什么区别了。后来，国家也取消了农业户口和非农业户口的性质区别，建立了统一的居民户口。可以说，当时我身边很多人努力学习的根本动力和目的，已经变成了所有人都能轻松获得的东西。

除了这些同学，还有一位令我印象深刻的小伙伴。他家在村里算家境比较好的，他的学习成绩比我好很多，他的情商和整体人格结构也都相当好。但不知为什么，读初中时，他开始相信读书无用论，决定不继续读书了。后来，他一直都是村里最能干的，日子也差不多是村里过得最好的，小家庭和大家族都很和睦。但我总是替他感到惋惜，因为他的人生就被锁在村里了，而他原本是可以走向外面更大的世界的。

我以前总在想，到底是什么驱使我在关键时刻做出了不一样的选择？为什么我能一直坚持读书？我想也许一个关键的原因是，我读了很多没用的书。

无论是前面说到的有用的教材，还是没用的杂志，凡是有字的，我都读。而我的大多数同学都不想把时间浪费在没用的书上，都在读教材，研究教辅材料。可能就是因为这些，当我身在20世纪80年代的北方农村时，脑海中想到的是一个不同的世界，心中模模糊糊地憧憬着一个不一样的时空。然后，这成了我心灵中的一幅图景，诱使我做出了不同的选择。

除了这个原因，还和我的父母有很大关系。哪怕父母对我说过一次，"咱家穷，你考中专师范吧"，估计我就不会报考高中了。但是，父母从来没有这样要求过我。

以上是关于我自己成长的故事。很显然，对我来说，成长的动力一是来自读书，二是来自父母。

现实层面与想象层面

阅读完本书前面的内容，你应该已经知道，在正常的发展中，孩子需要完成与家庭的分离。如果有父母的鼓励和允许，这就会变得容易很多。

无数爱孩子的父母都愿意鼓励孩子走向独立，而这时我们可以看到，孩子时空的拓宽至少有两个层面，一个是现实层面，另一个是想象层面。

在现实层面，父母可以多带孩子去不同的地方，这可以起到帮助孩子拓宽时空的作用。我两次去南极，每次都看到有父母带着不同年龄段的孩子去那里。2014年，我第一次去南极时，同行的一位小女孩就创下了南极游客中的最小年龄纪录。我相信，对这些孩子来说，真实空间的拓展会直接对他们造成巨大的影响。

在想象层面，读书，或者说知识面的拓展，也会起到这个作用。知识有一个特点，就是可以超越时间和空间。你可以由此在想象层面任意拓展，获取成长的动力。

用我们常说的一句话来说，就是"读万卷书，行万里路"，这可以极大地拓宽一个人的时空。

父母的限制

不过，现实生活中的情况可能并不都是这么理想的。例如，父母可能不愿意让你离开家，这时该怎么办？

如果你想进入家庭以外的社会熔炉，甚至是无限世界，那你首先要知道，有想要离开的想法是再正常不过的。当父母激烈反对时，你需要做的就是坚持自己的想法。你可以试着在那些关键的人生节点上做出符合自己内心的选择，特别是在高考报志愿、找工作这样的事上。

在做心理咨询的过程中，我见过很多悲惨故事。一些来访者年轻时大多很听父母的话，仍然活在家庭港湾甚至是母亲包围圈中。虽然自己感觉到了束缚甚至窒息，但到高考报志愿、找工作等需要做重大决定的时刻，他们还是不想让父母伤心，选择了离父母最近的地方。

这样做导致的结果是，他们一直没有拓宽自己的时空，成长的动力也早早被消磨干净了。而这份束缚感和窒息感可能会越来越重，如果他们迟迟没法做出离开家的决定，等父母老了以后，再做这种决定就更难了。

我常常建议来访者，在父母还在壮年时早做决定。因为这样虽然会给父母带来巨大的冲击，但他们还有时间和空间去适应孩子不在自己羽翼下生活的状态。

环境的限制

除了父母的限制,有时大环境也会给人带来限制。这时,你可以不断问自己:我可以怎样拓宽我的时空呢?

我有一位朋友就是这种情况。虽然生活在小山村,但她始终有非常清晰的意识——我绝不属于这里,我不能接受自己一直被封闭在这么狭隘的空间中。最终,她抓住各种机会,走进了更广阔的世界。

现代社会呈现出了巨大的流动性,年轻人都在争相奔向开放的大城市,这也是在寻求更大的时空。所以,其实大环境的限制已经不容易出现了,相反,展现在我们面前的是各种拓宽时空的机会。

所以我想,我们每个人都可以时不时地问自己这样两个问题:我的时空是在萎缩,还是在伸展?我有没有很好地利用各种机会?

思考题

在现实层面和想象层面上,你获得过怎样的成长动力?

02　走向社会化，向着超级个体化的目标前进

在一个人的成长过程中，社会化和个体化是一对经典的矛盾。其中，社会化是个体融入社会的过程，个体化则是成为自己的过程。关于个体化，有一个富有诗意的表达：**人生只有一种成功，那就是按照自己的意愿过一生**。个体化的内容，本书已经讲过很多了，这一节就着重来谈谈社会化。

人需要一定的社会化，否则就会陷入孤独，心理上也容易产生疾病，但社会化不能以严重地损失个体化为代价。前面说过，好的父母是孩子的容器，同样，好的社会也是好的容器，可以容纳形形色色的不同个性的人。这一点很重要，个体的幸福、社会的美好，都与这一点有关。就像罗素那句名言所说的："须知参差多态，乃是幸福的本源。"

可以说，一个人的社会化过程，就是在不失去自我的前提下，对社会有基本的适应。要实现这一点，一个人需要在社会熔炉中，在力量维度和情感维度上伸展开自己的动力。

校园霸凌

我想讲一个比较特别的现象——校园霸凌。这可能是很多人都经历过的事,现在也时常发生在我们身边,而且它通常发生的时间就是一个人最初经历社会化的学生时期。所以我觉得,从这个现象入手,可以帮你更好地理解社会化,以及一个人动力的展开与社会熔炉之间的关系。

校园霸凌是力量维度的事情。有些校园霸凌,是一个霸道的孩子欺负其他孩子。严重一些的,可能是一个孩子王搞了一个小团伙,一起欺负别人。我认为,那些被严重欺负的孩子,常常是在力量维度的表达上有很大困难的。

在普通级别的校园霸凌中,被欺负的孩子可以通过更好地表达自己的力量,例如反击,去解决问题。但是,当霸凌到了严重的地步,就超出了孩子的应对范围。可以说,孩子遇到了巨大的挫败。这时,孩子的父母、学校等其他方面的力量就要发挥容器功能,帮孩子解决这种超出了他应对能力的挫败。

根据我常年的观察,我发现大多数被严重霸凌的孩子,他们的父母也很软弱,在平时的生活中不会使用力量——既不会使用力量保护家庭,也不会使用力量攻击孩子。至于霸凌者,特别是霸道的孩子王,则常常有凶悍的父母。他们认同了父母的霸道,到了学校里,就霸道地对待同学。

校园霸凌问题绝对是个大难题。首先,法律对未成年人缺乏约束手段。其次,孩子们常常认为孩子之间的事最好由自己解决,求助于老师和家长是一件羞耻的事。

当一个孩子向家长、老师等成年人求助时，一般意味着霸凌已经相当严重了。可我也看到过很多案例，家长在这种时候反而会训斥孩子。我认为，这就是因为家长自己软弱，害怕面对这样的难题。

看待霸凌问题时，我们需要意识到，从很大程度上来说，未成年人的世界比成年人的世界更残酷。因为成年人攻击彼此时一般是有原因的，所以也有分寸，目的达到了就好。可是，未成年人向他人发起攻击时，常常没有明显的目的，也因此不知道什么时候应该罢手。假如他们还没发展出同理心，霸凌事件就很容易失控。

所以，在这种情况下，孩子用坚决的态度来保护自己是一种简单、直观的方法，这会让他赢得其他孩子的尊敬。实际上，仅仅是散发出坚定的信息，就可以让孩子在很大程度上免去被霸凌的危险。

严重的霸凌必须警惕，但事实上，不同程度的霸凌是很难避免的。我们可以这样理解：**未成年人的世界也是一个社会，他们需要在这个社会中学习表达、掌握自恋、性和攻击性这三种动力。**

动力的升华

很有意思的是，一些研究显示，那些霸凌别人的小团伙的领导者，最终并不容易取得更高的社会地位和成就。例如，万维钢老师在得到App课程"精英日课第一季"中讲到的《欢迎度》(*Popular*)一书，就有提到类似的研究。

为什么会这样？如果让我来回答，我会用弗洛伊德的"升华"这一概念来解释。在社会化中，人的动力需要升华，也就是要变得更文明，更容易被社会所接纳。只有动力被社会接纳了，人才能更好地完成社会化，进而更好地成为自己。可以说，动力就是一个人的燃料，推动着一个人的成长。

社会熔炉给一个人提供的时间和空间近乎无限。而在比较狭窄的时空节点过早地得到动力实现的感觉，会给你制造太早的满足，然后让你停在这里。

对霸凌他人的孩子来说，他们的自恋、攻击性乃至性的动力，在中小学这个时空节点就得到了巨大的满足。特别是男孩，如果他能控制一个小团伙，并不断欺压其他男孩，那他就是这个时空的"王者"，几乎必然会受到一些女孩的崇拜。于是，他们的人生早早地达到了巅峰。可是，这是一个幻象，我觉得可以叫作"霸凌幻觉"，它只是中小学层级的时空场，这些孩子都还没有进入真实的社会竞争。

除此之外，喜欢霸凌的人通常人性发展得不够好。他们的自我并不完整，而这导致他们难以承受动力、意志方面的挫败。拿学习来说，一个人至少要发展到意志层级，能持续地努力，才有可能取得好成绩，而霸凌者在应对学习这样的事时就会遇到挫败。挫败让他们动力、意志层级的"我"产生要死掉的感觉，这种感觉太糟糕了，他们想把这种感觉排解出去，于是可能就会发展成欺负其他同学的情况。

更糟糕的是，他们通过这种转嫁受挫感的方式获得了"王者"般的体验，觉得自己站到了权力的巅峰。如果他们迷恋这种感觉，就更难以面对以后成长过程中的困难了。

相反，那些把自恋、性和攻击性的动力升华了的孩子，那些动力逐步被社会接纳了的孩子，他们虽然也会感到压抑，但只要能持续努力，他们就更有可能在情感维度上发展自己，而这使他们更善于和别人共处。最终，在人生这场长跑中，他们变得更成功了。

体系化与超级个体化

体系化就是指人们集中起来，形成一个体系，占据很多资源。当体系化特别严重时，孤零零的个体就会感到恐惧——他们担心自己会被排除在体系之外，找不到生存空间。对应到校园霸凌中，被霸凌者感到恐惧和压抑的一个原因，就是霸凌者搞的小团体对他们各种刻意的排挤。

与体系化相对应的是超级个体化。一个高度个性化的个体，哪怕没有与他人组织起来，看起来孤零零的，但其实也具备了很强的影响力，因此能生存得很好。

你可以回忆一下，在学生时期，你身边有没有这样一个同学：他不会被任何小团体影响，有自己的三两个好友，学习成绩很好，但不是唯老师命是从，而是有自己的见解和主张，经常一副不太好惹的样子。他可能还读了很多书，总是让你感觉很有见识。有什么班级活动，大家也总想听听他的意见。我觉得，这样的人就是高度个体化的人。当他们继续发展自己的个体化时，就有可能成为超级个体化的人。

在社会化的过程中，我们需要避免体系化，并有意识地向超级个体化努力。具体的做法多种多样，但我认为其中的核心是要懂得区分成就动机和权力动机。

成就动机，是说你不断发展自己是为了追逐成就，为了把一件件具体的事做好；权力动机，则是说你发展自己不是为了做好一件事，而是为了在体系中占据高位。如果你的成长只是在发展权力动机，却忘了成就动机，那你虽然看似是在努力让社会接纳你的动力，但实际上会起到相反的作用。

我认为,时代进化到超级个体时代是一个进步,是一件好事。例如,我们现在处于互联网时代,互联网是一个无限且平等的平台,具有鲜明的个体化的人更容易在这里脱颖而出。对每个人的成长来说,这是极好的社会环境。

但这也带来了一个问题——如何才能成为超级个体呢?这需要不断学习,可这会不会给人带来更大的焦虑呢?在我看来,终身学习很重要,但还有一个原则更为重要,我会在下一节来具体谈谈。

思考题

在你成长的过程中,有没有某一个社会化的节点增强了你的动力?在平衡社会化与个体化这一对矛盾时,你认为应该注意些什么?

03　成为超级个体，要认清深度关系的重要性

在社会化的过程中，人们需要避免体系化，并有意识地向超级个体化努力。而想要成为一个超级个体，或者至少能活得不遗憾，你就要把握好一个原则，这个原则就是你要真正认识到，一切好东西都来自深度关系。

在关系中投入真实

自恋是人的根本属性，在自恋的驱使下，人很容易产生权力动机，并由此产生比较心。所谓比较心，就是希望我的能力比你强，我的位置比你高。可是，人都会经历一个深刻的进化，那就是进化到关系维度。当进入关系维度后，我们就有可能领会到一个基本事实——**一切好东西，都是深度关系的副产品。**

好的关系是幸福感最重要的源头。具体来说，好的关系其实就是你和一个人建立了深度关系。你在关系中深度投入了你的真实，然后碰触到对方的真实。真实的你们深度碰撞彼此，由此建立了深度关系。

我特别喜欢台湾漫画家蔡志忠的一个说法。他说，如果一个小时

值 10 块钱，把它分成两个半小时，每个半小时都不值 5 块钱；如果分割成四个 15 分钟，那么每个 15 分钟连 1 块钱都不值。反过来讲，连贯的 10 个小时或许就"价值连城"了。

他讲的其实是专注：专注一个小时的价值并不是专注半小时的两倍；而持续专注好几个小时的价值，可能比专注一个小时翻了好几倍。所以，虽然看起来每个人拥有的时间差不多，但能持续高度专注的人在时间上远远胜过了其他人。可以说，他们获得了对时间的掌控感。

我完全信服蔡志忠的这个说法。但问题也来了——为什么有的人能持续专注，有的人却不行？

我认为，这是一个关系问题。当你和一个事物打交道时，这个事物的外部信息就会涌入你的内在，这就是你和这个事物的关系。那么，你是如何感知这些从外部涌来的信息的呢？你是否能掌控这些信息呢？

掌控外部信息

我认为，感知外部信息有两个维度：一是你觉得外部信息是善意的还是敌意的；二是你自我的水平是脆弱的还是坚韧的。下面来讲一个来访者的案例帮助你理解。

这位来访者是一个女孩，来找我做咨询时，她的问题相当严重。但是，她特别吸引我。当她讲自己的故事时，我总是能高度地专注。她的表达能力非常好，能把一些并不多见的心理描绘得清清楚楚。我认为，她的智商也很高。她的问题是，她不能和人交往，也不能静下来读书。这导致她的人生没法升级，因为没有新的信息注入。她一直不能接受这一点，也不理解为什么会这样。

我从她的一种渴望中看出了问题。她渴望能彻底封闭起来，有一台能上网的电脑，可以维持基本的生活，就这样与世隔绝。这种渴望导致了一种现象，那就是任何影响她封闭的信息，比如她家附近的噪声，都会让她烦躁。也可以说，这让她失去了掌控感。

更准确地说，她不是烦躁，而是有一种级别很高的暴怒。本质上，她觉得这些影响她封闭的信息都是在攻击她的，都是有敌意的。

这一点在我和她的咨询关系中也展现出来了。第一次来的时候，她就非常清晰地叮嘱我说："请不要给我任何建议。"建议，特别是心理咨询师的建议，对她来说就是干扰级别很高的外来信息，被她感知到的敌意水平也会非常高，所以她一开始就凭本能告诉我放弃咨询师的这个功能。

另外，她的自我非常脆弱。把外来信息感知为有敌意的，加上自我极度脆弱，这自然会带来一个问题——外界信息一进入她的内在，她的体验就是"我"被杀死了。所以，在我看来，她不能读书，不能与人交往，都是为了躲避"我"被杀死的恐怖感觉。

一切好东西都是深度关系的产物，而她根本就没有深度关系，所以也就没有创造出任何好东西。用蔡志忠的话来讲，就是她根本没有与事物建立关系的专注时间，没有办法掌控事物带给她的外部信息。

我的另一位来访者情况要稍好一点。他是一位男士，他能读书，但他发现自己读书最多只能持续两分钟，然后就会走神。在我和他探究为什么会走神时，他发现那是童年时一种刻骨铭心的体验——他做任何事情都不能专注，因为他随时都在担心妈妈会离开。他的走神是在寻找妈妈，是在关注妈妈会不会离开他。

我认为，在分离与个体化期，这位男士缺少妈妈持续的陪伴，而这导致他不能专注地玩耍。前面那个女孩则是在婴幼儿期严重地缺乏陪伴，这是一种极度匮乏的状态。

获得掌控感

精神分析理论认为，**父母和孩子关系质量的重要性，远远胜过父母能教给孩子的经验和知识**。如果父母或其他养育者能做一个稳定的容器，孩子的生命力就能被容纳在其中。而且，由于父母与孩子的关系是基本善意的，孩子会形成一种基本的感知——从外界涌入的信息基本是善意的。

对孩子而言，敌意和善意是什么意思？其实就是能否按照孩子的意愿让他们获得掌控感。人生只有一种成功，那就是按照自己的意愿过一生。其实这在童年时就开始了。

我接触的很多父母都会对孩子专注力的问题感到疑惑。他们认为自己把孩子照顾得很好，满足了孩子的一切需求，但不知道为什么孩子还是不能专注。我发现，这些父母在照顾孩子时通常都是按照自己的意愿来行动的。在这种情况下，虽然父母基本满足了孩子的生活需求，但在孩子的感知中，父母常常是入侵者，是有一些敌意的。

不过，有一些敌意的入侵者也远远好过孤独。因为在太孤独的环境下，孩子会把一切外来信息视为有敌意的入侵者，会产生绝对的排斥。而普通的父母，就算偶尔会有入侵，孩子也会发现入侵的信息有敌意的也有善意的，不用绝对排斥。孩子在生命早期的养育者与他的关系，就会为孩子奠定这样的基调。

作为成年人，我们可以去认识这个道理，然后试着寻找办法，把涌入的信息从感知为敌意的变成感知为善意的。基本方法非常简单，就是去掌控一个事物。能掌控时，你就会把信息感知为善意的；不能掌控时，你就会将其感知为敌意。这是非常微妙的，你可以试着去体会一下，看看是不是这样。

在确认了这样的前提后，你可以寻找一个感兴趣的事物去练习如何掌控它。每当你想转身离开时，你会容易认为是自己累了，可仔细觉知你就会发现，这通常不是累，而是挫败感，是你觉得自己被这个事物打败了，你的自恋被嘲弄了，你转身是想去寻找自恋的安抚。

安抚自我很重要，但简单安抚之后，你要再次转过身来，继续练习掌控这个事物。

*

本节一直在说对外部信息的掌控感。但实际上，掌控不是根本性的表达，而是关系不够深时用的一种表达。

当关系不够深时，你的确会觉得你是主体，而那个事物或人是客体，是你需要掌控的对象。随着持续地投入，当你越来越能掌控这个事物时，你会越来越专注，会感觉好像每个事物都像有生命一样，你和这个事物的关系也越来越深。甚至突然有一刻，你会体验到没有我也没有你，没有自体也没有客体，就连时空感都变了，你进入浑然忘我的状态，和这个事物融为了一体。这就是高峰体验的共同特征。

思考题

你有没有过掌控感满满的体验？它是如何发生的？你又从这份体验中收获了什么？

04　构建深度关系，关键是真实地活着

上一节讲到，一切美好的事物都是深度关系的产物，也解释了为什么有人不能构建深度关系。这一节，就来继续谈谈该如何构建深度关系。其实方法也很简单，那就是真实地活着。

真实自体与虚假自体

所谓真实地活着，指的是能构建真实的自体，与之相对应的是构建虚假的自体。

构建真实的自体，就是要真实地展现自恋、性和攻击性这些生命动力。展现这些其实是危险的，而为了避开危险，人们就会选择将自己的生命动力隐藏起来。这就不可避免地会带来一种情况——人会活在思维层面。向思维认同，将思维等同于"我"，就是虚假自我。

因为做心理咨询的工作，我也算阅人无数了。我发现了一个规律——**在某个领域内出类拔萃的人，大多都是非常真实的人。**

出于道德层面的考虑，我们很容易美化谦逊。但我仔细观察后发现，这些出类拔萃的人在普通的为人处事上可能是谦逊的，但在他们擅长的领域内，他们通常是自恋的、具有攻击性的。

一切美好的事物都是深度关系的产物，可是，只有拿出了真实的人，才有可能与一个事物建立起深度关系。如果你一直是虚假的，那么就根本不可能建立起深度关系。

这让我想到了一个现象，那就是中年危机。人到中年之后，精力下降，由于很难更新、迭代自己的知识结构，他们在工作上也很容易遭遇瓶颈。同时，他们又处在上有老下有小的阶段，家里要处理的麻烦事也变得很多。所以，他们就感受到了严重的危机。可是，并不是所有人都这样。也有很多职场精英、成功企业家就是在中年时期发力，在各个方面都取得了好成绩。

为什么会有这样的差别呢？除了每个人不同的个性化原因，我认为从总体上来说，这两种中年人身上的热情有很大的差别。对后一种人而言，年龄成了对他们的祝福，他们身上带着一种热情；对前一种人而言，年龄则成了一种诅咒，他们缺乏这样的热情。那么，热情是什么？

自体心理学家科胡特认为，心理健康的标准是自信和热情。活力滋养自身，就是自信；活力能流向客体，就是热情。我认为，这里说的活力可以理解为人性化的动力。所以，那些带着热情工作的人，就是能将自己的动力灌注在工作中的人。

很多人虽然也在积极工作，但常常是在按照套路工作。他们只是在用头脑工作，而不是用真实的动力工作。我现在也是一个公司的老板，有热情也是我招募员工的重要标准。我认为，如果要招募普通岗位的员工，那有聪明的头脑和较好的文化水平就足够了；但如果要招募重要岗位的员工，就必须看看他们身上是否有这种热情。

亲密关系中的真实

在亲密关系中也是一样的。如果你想拥有一份深度的亲密关系，就必须问问自己：你呈现了真实自体吗？对方呈现了他的真实自体吗？或者说，在这份关系中，你们能保持真实吗？

与工作不同的是，亲密关系涉及全方位的动力，就是自恋、性和攻击性这些动力都会有所涉及。在一份亲密关系中，如果不能让这三种动力自然而然地流动，那么，即便这份关系看上去非常美好，也是没有意义的。时间会验证这一点。

我可以通过对一句俗语的简单解释来帮你理解这一点，这句俗语就是"男人不坏，女人不爱"。所谓的"坏男人"，可以理解为在相当程度上保持真实的人，"坏"可能就意味着他充分展现了自己的动力。相反，所谓的"好男人"，可能各方面做得都对，但就是缺乏亲密和激情。

前面说到谦逊，我认为，人可以最终活得谦逊，但这不应该是一开始的状态，而应该是攻击性得以人性化的自然结果。如果一个人年纪轻轻就过分懂事，在他身上几乎看不到自恋和攻击性的部分，那他就不容易在事业上取得成功，甚至都不能很好地构建亲密关系。

在做心理咨询的过程中，我看到过很多爱情故事。这些故事一开始都非常浪漫、完美，甚至让我禁不住觉得它们简直可以直接被搬到影视剧里。但几年之后，这些看上去很浪漫的爱情却都瓦解了。

在这些故事中，我看到了一个共同的规律，那就是双方都在使劲地对对方好，没怎么"坏"过。两人意见不合，向对方表达不满，偶尔发生小冲突，这些都可以称为"坏"。而这些故事中，有的是其中一个人严重地不能在关系中表达"坏"，有的则更糟糕，是两个人都不能表达。我甚至可以有点绝对化地说：**在亲密关系中，如果两个人都在呈现对对方的好，没怎么发生过冲突，那这份关系必然会终结。**

例如，我的一位来访者是一位女士，她非常享受和老公的婚姻。然而结婚七年后，突然有一天，她发现老公出轨了。她没法接受这一点，于是对老公说："过去的七年中，你一直让我觉得自己在天堂，为什么要突然之间把我拉下地狱？"

我和她深入探讨后发现，在她的婚姻中，她老公简直是一位"二十四孝老公"，各方面都做得太好了。例如，她一回家，老公就已经把睡衣、拖鞋、牙刷都给她准备好了，甚至挤好了牙膏。在他们相处的七年中，老公对她的照顾可以说是无微不至的，就像一位有完美主义倾向的妈妈在照顾婴儿一样。可实际上，老公多次对她表达过自己很累，很压抑，但她都听不到。在她的感知中，她是突然间失去老公对自己的爱的，但其实老公是逐渐远离她的，只是同时还一直在无微不至地照顾她，给了她这种假象。

事实上，一个人要构建好深度的亲密关系，比在事业上做到出类拔萃难得多，因为构建深度关系需要在关系中全面地展现自己的生命动力。

深度关系需要时间

和过去相比，现代社会有一个巨大的变化，就是改变的速度快了很多。人们开始在空间上有了更多的选择。例如，一份工作不适合自己，就换一个。甚至一份亲密关系不适合自己，也可以换一份。对整个社会来说，这当然有很大的正面意义——每个人都可以遵循自己的内心，做出符合自己心意的选择。但在这种背景下，我们也得知道，深度关系的构建需要时间的累积。

我觉得，生命的历程最好是这样的：生命最初的六个月，能展现动力；等到了两岁，能展现意志；三岁左右时，初步形成了个性化自我，然后在家庭中初步学会竞争与合作；紧接着，在漫长的社会化过程中，自我越来越坚韧有力，空间也不断地延展。

但是，这是比较理想化的情况。现实中，拥有这样比较理想的生命历程的人并不多见。你可以观察一下自己，想办法回溯自己的成长经历，去定位自己在不同阶段的发展状态。如果发现你抽象意义的自我、意志和动力没有很好地在相应的阶段形成，那你至少可以从现在开始让自己活得真实，大胆地去呈现自己的生命动力。

关于活得真实，没有一本具体的操作手册能让你一步一步地学习。我的建议是，按你能适应的难度层次，一层一层开始在不同深度的关系中尝试。你可以先设定一些容易达成的小目标，达成后再提升难度。例如，如果你难以在工作中展现真实的一面，那可以先试试向亲近的朋友或伴侣说出某个隐藏很久的想法。这样一点一点的小成就，会帮助你逐步走向真实。

思考题

在真实地活着这件事上，每个人都有自己不同的经历。你曾经用过什么样的方式，帮助自己展现真实的一面吗？

05　进入无限世界，活出最真实的自己

我在本书中反复强调，自我的形成和发展分为五个阶段：自闭之壳、母爱怀抱、家庭港湾、社会熔炉和无限世界。在这个过程中，一个人要不断刺破此前的壳，进入更大的空间，然后这个更大的空间又形成了一个新的壳，又要继续刺破，再进入新的广阔空间。这一节，我们就来谈谈最后一个步骤——突破社会熔炉，进入无限世界。

无限世界

我认为，无限世界就是我们目力所及的全世界，是普通人所能触及的最大现实空间。除了物质空间，无限世界还包括无限的精神世界，或者说无限的想象世界。

在我看来，人有太多部分都需要进入无限世界了。例如，不管是要探讨哪个领域的真理，你都不能简单忠于某个有限的空间，因为那会把你锁住，将你定格在那里。比如哲学家的思考，如果是直接思考人性，很容易对社会当前的存在状态构成冲击。所以，他们需要进入无限世界。

在心理学领域，这个逻辑同样存在。很多人试图发展出扎根于中

国文化的本土心理学，这种尝试很有价值，但如果它是出于对我们自身所处的社会熔炉的简单忠诚，那这种探讨也会变得很有限。因为从根本的人性上看，全世界的人都是一样的，都遵循同样的基本逻辑，只是表现形式有所不同而已。

这样讲可能会让你觉得很抽象，下面来看一下我的一个好朋友的故事。可以说，这个朋友是我身边最典型的进入了无限世界的人。

我这个朋友是一位女士，已经在美国定居很多年了。前几年，她搬到了波士顿。到达波士顿后，她立即干了一件事，就是去找波士顿的市长。她并不是要解决什么问题，而是跑去对市长说，我刚刚搬到波士顿，我是一个什么样的人，我希望能为波士顿做出我的贡献。然后，在接下来的几周里，波士顿市长真的为她安排了拜访波士顿各种机构的机会。

这件事让我非常感慨，我对她说："你简直到哪儿都是主人。"

她和我同龄，一直在世界五百强企业工作。她做的是市场营销，所以足迹几乎遍布全世界。不只是在波士顿，她觉得自己好像到哪儿都不怵，到哪儿都有一种主人翁的感觉。

刚到美国工作时，她非常惊讶，因为她的华人同行对公司领导非常小心谨慎。于是，她对这些同行说，你们要"粗鲁"地对待领导。她的意思是，你越是轻松、直接，这些领导就会越喜欢你、重视你。不过，后来她发现，这些东西她没法教给别人，别人即使知道了，可能也做不到。我认为，因为这是人格的力量。或者说，因为自我层级的不同，所以不是每个人都能轻松做到这一点的。

有一次，我和这位朋友进行了一番深入的谈话，我发现她完全不知道压力是何物。不管在什么高挑战的环境下，她都能充满强烈的好奇，同时能辐射出自己满满的能量，与权威相处时也总是能轻松自如，但又不会让他们感到冒犯。

作为一名心理咨询师，我非常想总结出其中的原因，所以我不断深入地了解她的人生，特别是她的原生家庭。关于她的真相一层层剥落，最后落到了这样一个观点上：她的妈妈充满力量和爱，她对妈妈有很高的认同，因此和妈妈的竞争也建立在认同的基础之上。而且，由于竞争中有认同，她在向权威表达自己的观点时也没什么内耗，自然而然地就呈现出了高情商的状态。

不只是和妈妈的关系，她和爸爸的关系简直也是她在主导，她可以肆意地在爸爸面前表达自己的感受和力量。

把这些情况理清之后，我忍不住感叹：这样活着，真是惬意！

如果用本书的理论来讲就是这样的：首先，因为妈妈有爱，所以她轻松地从自闭之壳跳入了母爱怀抱。其次，因为妈妈有力量，也鼓励她独立，所以她又自然地突破了母爱包围圈，进入了家庭港湾。在家庭港湾这部分，她出了一些问题——因为父亲不够有力量，所以她后来总是在寻找有力量的男性，而这给她带来了痛苦。但总体上来说，她能在家庭港湾中展现自己。

除此之外，她的社会化极好，无论到哪儿都深受欢迎。她的个性化也非常好，一直个性鲜明，而且不管在什么环境下，都可以简单地拒绝别人。也就是说，她成功地跳入了社会熔炉。

在中国工作了两三年后，她去了美国，因为她觉得崇尚个性的环境更适合她。在美国，她感觉自己的个性得到了最大程度的伸展，逐渐地，她觉得整个世界都像是自己的舞台。也就是说，在社会空间层面上，她突破社会熔炉，进入了无限世界。

非常有意思的是，虽然她进入了无限世界，但如果见到她，你一定立刻就能看出她是中国人。中国文化的一些传统像是烙在了她身上一样。

世界公民

前面一直在讲，一个人的完整发展需要不断刺破当前的壳，最终翱翔在无限世界。但是，我想再次强调一下一个在总论中就提过的画面：**当一只鹰在天空中自由翱翔时，它的心中藏着过去的所有画面，藏着对过去的爱，这构成了一种自然而然的忠诚。**

所以，最终翱翔在无限世界中的人，并不会彻底背叛过去身处的社会熔炉、家庭港湾、母爱怀抱乃至最原始的自闭之壳。他们并没有与这一切割裂，而是与自己的过去有深刻的联结，有一种出自爱的忠诚，但那不是偏执、狭隘的忠诚。这样的人，我认为就可以称为"世界公民"了。

说到世界公民，我在另一位好友、湖畔大学CEO班的孙博身上看到了这种感觉。孙博是一家旅行机构的创始人，她也去过全球大多数国家。我觉得她最显著的特点是，无论在哪儿，都像是她的主场。一般人到了其他的国家，会觉得自己是客人，可孙博在哪儿都觉得自己是主人。

"地球""世界"或"无限世界"，都是对外在空间的一种描绘。实际上，能在无限世界有主人感的人，一定是先做到了一点——他们是自己内心的主人。

如果你想让孩子感觉到，整个世界都是他的主场，最简单的做法就是，在生命最初就让他感知到，他的动力、意志乃至自我可以充分地在家庭这个人生练习场中存在并展开。如果你想让自己有这种感觉，那么，试着从现在开始去活出自己，在一个又一个的细节上活出自己。

我还有一个观点：当一个人能真实地活着，能忠于自己的内心时，他就会打开一个通道，直接和存在本身相连。这是谁都可以拥有的一个便捷途径，它是自由灵魂的专利。关于这一点，更诗意的表达是：**一个人的本心，可以直接通向星辰大海，与万物相连。**

*

康德说过："世界上唯有两样东西能让我们的内心受到深深的震撼，一是我们头顶浩瀚灿烂的星空，一是我们心中崇高的道德法则。"

浩瀚星空和根本性的道德法则都属于无限世界，是锁在自闭之壳、母爱怀抱、家庭港湾和社会熔炉中的人所体验不到的。而阅读完这本书，我希望你能知道，**你的自我是可以超越一切现实的存在。**

后记
世界上只有一个你

人来到这个世界上，不是为了当炮灰的，而是为了活出自己的精彩。

作为一名心理咨询师，我看到每个人都在尽可能地活出真我。但当环境严重压制真我时，人就会把真我藏起来。这时，这个人就失去了一些宝贵的东西。

我认为绝对不会存在一个极其顺从，同时又极具创造力的人。顺从的人可以是一个不错的工具，但活力和创造力这样的东西必须建立在一个人能做自己的基础上。

现代舞大师玛莎·葛兰姆（Martha Graham）说过这样一段话：

> 有股活力、生命力、能量由你而实现，从古至今只有一个你，这份表达独一无二。如果你卡住了，它便失去了，再也无法以其他方式存在。世界会失掉它。它有多好，或与他人比起来如何，与你无关。保持通道开放才是你的事。

其实，很多智者都表达过类似的意思。例如，诺贝尔文学奖得主、俄罗斯文豪亚历山大·索尔仁尼琴就有一个非常简洁的表达："每个人都是宇宙的中心。"我想，这句话可以直接用在我们自己身上："你，就是宇宙的中心。"

对你而言，你自身的宝贵性不言而喻；对你所在的社会和世界而言，同样如此。一个伟大的社会，必然需要一个又一个超级个体的诞生。对此，我也有一句话："活出自己，是一个人对世界最大的祝福。"

那么，到底如何活出自己？我想在这篇后记里给你一些建议。这些建议可能很平实，很普通，但它们真的能给你力量。

第一，请先照顾好你自己。

更明确地说，就是请先照顾好你自己的身体，包括满足自己各种各样基本的物质性需求。

婴儿走出自闭之壳，进入母爱怀抱的一个重点，就是妈妈等养育者照顾好了婴儿的身体需求，通过这个过程，妈妈也和婴儿建立起了基本的关系。成年人也一样。如果一个人在童年时得到了比较好的照料，成年后他就会自然而然地把自己照顾好。如果一个人在童年时没有得到很好的照料，他就会把正常的基本需求视为贪婪、过分的可怕需求，会鄙视它们，转而过于重视精神性需求。可精神性需求又很容易成为想象层面的东西，进而会让人一直陷在孤独中。

同样，如果你爱上了一个人，想和他建立亲密关系，那么，试着和他一起照顾好你们彼此吧。

第二，明智地看待关系。

成为你自己，但必须在关系中。如果一个人在孤独中，那他是没法幸福的，也不可能圆满。

人不能彻底活在孤独之中。的确，饱满的灵魂可以享受孤独，但如果从出生起就一直在孤独之中，那就必须警惕，因为这极有可能是活在自闭之壳中。

我在心理咨询工作中看到，一个人关系的匮乏程度与其心理问题的严重程度是正相关的。有的来访者一开始心理问题比较严重，但在他们构建了基本的关系，如恋爱关系、朋友关系等之后，人格的成长和做心理咨询的效果都有了好转和进步。所以，即便你处理关系的能力不够好，也要勇敢地去构建基本的人际关系，不要彻底封闭在孤独中。

在构建和维系关系时，要明智，不要太理想化。明智的意思是，去构建对自己有益的关系。所以，要有意识地选择和谁在一起。当一份关系变得有"毒"时，要敢于结束它。当然，如果是难以结束的血缘关系变得有"毒"了，就要勇于远离它。

人的成长是很不容易的，特别是对人格水平不够高的人来说，他们需要借助关系来救助自己。世界非常大，要相信每个人都能找到与自己相匹配的关系，特别是亲密关系。

当你拥有一份与自己特别契合的关系时，这份关系就会让彼此都能得到滋养。如果推动这份关系发展成超深度关系，你就会看到，这是你生命中最重要的幸福感的源泉。

第三，尊重你的感觉。

关于真实地活着，一个证明就是非常尊重自己的感觉。而感觉来自体验，来自心灵深处。追寻感觉时，大部分时候，你并不知道是为了什么，但就是有一种莫名的引力带着你前行。

当你在某一个领域，乃至在整个人生中都做到了这一点时，你会慢慢发现，原来在一个又一个感觉的背后有深刻的联系。对此，乔布斯的形容是，每次听从感觉所做的选择就像是一粒珍珠。当一个又一个的珍珠散落着时，你不知道到底为什么选择它们，但突然有一天，这些珍珠有序地串成了一个整体，你才发现原来是有一条线贯穿其中的。

还可以从另一个角度来看你是否做到了这一点，那就是看你是否展现了三种生命动力——自恋、性和攻击性。如果从未展现过，那意味着你还没有真实地活着，尊重感觉也就无从谈起了。

第四，守护你的权力。

权力是至关重要的部分。你需要思考一下，你对自己的空间有多大的权力？例如，在你的房子里，你是主人吗？当遇到反客为主的人，不管是亲人还是偶尔来的客人，你能直接捍卫自己的权力吗？此外，你的头脑、心灵、时间和工作岗位，你都能守护吗？

如果明明是你的空间，你却没有自主权，就意味着你遭遇了入侵。入侵会引起你的敌意。当敌意太强，而关系又不得不维系时，你就会陷入僵硬的状态。也就是说，你只能与外界保持非常浅层的互动，而内在的流动被彻底切断了。你的头脑在动，但没有了创造力；你的身体在动，但没有了活力；你的情感在维系，但没有了热情。

保护你的空间，守护你的权力，只有这样，你的生命动力才能在这个空间内自由流动。

第五，主动拥抱自恋的破损。

自我的成长必然伴随着自恋的破损。对一个人来说，自我越虚弱，就越恐惧自恋的破损。然而，严重地活在自恋中，常常又意味着其他客体的能量不能很好地流进你的空间。

成长中总是会有各种伤害，当伤害严重一点时，我们会觉得像是遭遇了创伤。然而，生命中有一个真理——当伤口出现时，光也就有可能进入了。这来自鲁米的诗句："伤口，是光照进来的地方。"

勇敢地活，努力地去追逐你想实现的目标，拥抱发生的创伤。在这个过程中，你越真实，越主动，劲使得越足，随着时间的推移，你就会发现自己越没有遗憾。

创伤通常不会导致遗憾，最容易让人感到遗憾的，是没有充分展开自己，是自己太畏缩。因为这样虽然的确能让你在事情发生时保护自己的自恋，可之后你就会明白，自恋从未严重破损过的一生是枯燥干瘪的一生。

奥地利心理学家维克多·弗兰克尔（Viktor Frankl）说，投入地去爱一个人，投入地去做一件事，幸福就会降临。但我要说，在投入的过程中，你会发现，你的自恋会受损，但同时你也会不断成长，这是一种必然。

第六，通向自我实现。

"自我实现""活出你自己""成为你自己"，这些语句表达的其实都是同一个意思。不过，不要把"活出自己"理解成为所欲为。如果为所欲为就能通向自我实现，那这条路也未免太简单了。

精神分析理论认为，活出自己的过程是人性化攻击性的过程。最初，当一个人的自我太脆弱时，他会恐惧自己的攻击性，因为他担心一展现攻击性，自己就会被报复，甚至被灭掉。于是，为了保护"我"，人就会压缩自己的攻击性，这时就只是在活着而已。

度过了这个恐惧的阶段，人不再担心一展现攻击性就会被灭掉，这时就有了基本的存活感。但接下来，又会进入内疚的阶段，他开始担心一展现攻击性，就会伤害自己所爱的人。

我们就是在恐惧和内疚之中，不断修炼攻击性的表达。最后，你可以由衷地信任你的自发性，坦然地伸展你的攻击性，不再恐惧自己会受到伤害，也不再因为担心会伤害所爱的人而内疚。

你可以看到，人格成熟的人能自如地表达自己的力量，而他们的力量既能滋养他们自身，又能滋养他们所在的关系。这绝不是一条可以轻易实现的路，但它是真的可以实现的路。

愿我们每个人都能先初步形成一个真实自体，然后再接受真实世界的淬炼，最终活出自己。

*

在谈到活出自我的话题时，罗胖引用了钢琴家格伦·古尔德（Glenn Gould）的一段话，我觉得说得实在太好了：

> 一个人可以在丰富自己时代的同时，并不属于这个时代，他

可以向所有的时代诉说，同时他不属于任何特定的时代。一个人可以创造自己的时间组合，拒绝接受时间规范所强加的任何限制。

我在本书中勾勒了一个自我诞生并成长的"蛋—鸡—鹰"模型。依照这个模型，自我的诞生与发展看起来需要经过一个又一个阶段。可同时我也想说，一个忠于自我的人，可以破碎时空，碰触存在，与道相连。这听上去非常诗意，像是捷径一般，但这条路只属于忠于自我的人。

请记得，世界上只有一个你！

感谢你的阅读，你的自我终将诞生。

图书在版编目（CIP）数据

自我的诞生 / 武志红著. -- 北京：新星出版社，2022.3（2022.4重印）
ISBN 978-7-5133-4751-8

Ⅰ.①自… Ⅱ.①武… Ⅲ.①成功心理－通俗读物 Ⅳ.
① B848.4-49

中国版本图书馆 CIP 数据核字（2022）第 000771 号

自我的诞生

武志红　著

责任编辑：白华昭
策划编辑：王青青　翁慕涵
营销编辑：王若冰　wangruobing@luojilab.com
装帧设计：别境 Lab
责任印制：李珊珊

出版发行：新星出版社
出 版 人：马汝军
社　　址：北京市西城区车公庄大街丙 3 号楼　100044
网　　址：www.newstarpress.com
电　　话：010-88310888
传　　真：010-65270449
法律顾问：北京市岳成律师事务所

读者服务：400-0526000　service@luojilab.com
邮购地址：北京市朝阳区华贸商务楼 20 号楼　100025

印　　刷：北京盛通印刷股份有限公司
开　　本：787mm×1092mm　1/32
印　　张：9.25
字　　数：213 千字
版　　次：2022 年 3 月第一版　2022 年 4 月第四次印刷
书　　号：ISBN 978-7-5133-4751-8
定　　价：69.00 元

版权专有，侵权必究；如有质量问题，请与印刷厂联系更换。